IURIS SCRIPTA HISTORICA

XI

ISBN 90 6569 653 9
D/1996/0455/16

IURIS SCRIPTA HISTORICA

XI

# INVENTARIS VAN DE FEODALE SCHANDPALEN OP BELGISCH GRONDGEBIED

## III

## PROVINCIES HENEGOUWEN, LUIK, LUXEMBURG EN NAMEN

DOOR

Paul De Win

WETENSCHAPPELIJK COMITÉ VOOR RECHTSGESCHIEDENIS
KONINKLIJKE ACADEMIE
VOOR WETENSCHAPPEN, LETTEREN EN SCHONE KUNSTEN VAN BELGIË

BRUSSEL
1996

*Opgedragen*
*aan de nagedachtenis van*
*Dr. med. Frans Moens*
*(† 26 augustus 1986)*

# WOORD VOORAF

Het voorliggend werk is in feite een geactualiseerd onderdeel van mijn doctorale dissertatie *De schandstraffen in België van de Middeleeuwen tot de 19de eeuw. Een rechtshistorische en rechtsarcheologische studie* (rechten, R.U.G., Gent, 1989).

Het rechtshistorisch gedeelte werd, uitgesplitst in twee boekdelen, reeds door de Koninklijke Academie voor Wetenschappen, Letteren en Schone Kunsten van België gepubliceerd. Het eerste boekdeel draagt als titel *De schandstraffen in het wereldlijk strafrecht in de Zuidelijke Nederlanden van de Middeleeuwen tot de Franse Tijd, bestudeerd in Europees perspectief* („Verhandelingen van de Klasse der Letteren", CXXXIX, Brussel, 1991), het tweede *De kaakstraf in België van de Franse Tijd tot 1867* („Iuris Scripta Historica", VI, Brussel, 1992).

In het boekdeel betreffende de 19de eeuw was er voldoende ruimte beschikbaar om een inventaris van het nog bewaarde instrumentarium voor de uitvoering van de kaakstraf als bijlage toe te voegen. Voor het boekdeel betreffende het Ancien Régime was dit onmogelijk. Met de publikatie van deze inventaris van 'feodale' schandpalen, in feite het leeuwedeel van het rechtsarcheologisch gedeelte van mijn dissertatie, wordt aan dit euvel grotendeels, zij het niet geheel, verholpen. De daarnaast nog bewaard gebleven schandstrafinstrumenten en -stukken komen immers niet aan bod ; de lezer zal zich voor deze relicten tevreden moeten stellen met de summiere opgave in de uitgegeven Verhandeling.

Het huidig boek is het laatste van drie delen, die samen een zo exhaustief mogelijke inventaris willen geven van de bewaarde en reeds verdwenen 'feodale' kaken of schandpalen op Belgisch grondgebied. Conform de door mij voorgestane begripsomschrijving van 'Rechtsarcheologie' [1] neemt deze inventaris dus niet alleen de nog geheel of gedeeltelijk bewaard gebleven schandpalen op, maar ook de reeds verdwenen exemplaren die mij via iconografische of schriftelijke bronnen bekend zijn.

[1] P. De Win, *„Rechtsarchäologie" een onbekend begrip in België?*, in : „Volkskunde", 89, 1988, p. 21-52 ; Idem, *Rechtsarcheologie en Rechtsiconografie in België. Ter illustratie : de rechtsarcheologische en rechtsiconografische rijkdom van de stad Brugge*, in : P. De Win (ed.), *Rechtsarcheologie en Rechtsiconografie. Een kennismaking / Rechtsarchäologie und Rechtsikonographie. Eine Annäherung*, „Iuris Scripta Historica", V, Brussel, 1992, p. 101-136.

Het eerste deel bevat een inventaris voor de provincies Antwerpen, Brabant en Limburg ; onder 'Brabant' dient verstaan : de voormalige provincie Brabant, thans uitgesplitst in de provincies Vlaams- en Waals-Brabant en het Brussels Hoofdstedelijk Gewest. Het tweede deel is gewijd aan de provincies Oost- en West-Vlaanderen en het derde aan de provincies Henegouwen, Luik, Luxemburg en Namen.

In de mate van het mogelijke is exhaustiviteit betracht. In alle bescheidenheid durf ik nochtans te betwijfelen dit ultieme stadium reeds te hebben bereikt, zelfs ten aanzien van de bewaarde kaakresten. Daarvoor is het territorium te groot, werden niet alle archieffondsen grondig gedepouilleerd en bevindt zich teveel materiaal in privé-bezit. Het is dan ook niet verwonderlijk dat ik sedert het definitief afsluiten van de begeleidende inventaris bij mijn dissertatie in 1988 nog kennis heb gekregen van het bestaan van een vijftal bewaarde schandpalen, voornamelijk restanten bewaard in privé-bezit, en van een twintigtal verdwenen kaken. Daarnaast kreeg ik naar aanleiding van publikaties, lezingen en adviezen niet zelden waardevolle bijkomende inlichtingen nopens deze of gene mij reeds bekende kaak. Wat voor U ligt is het resultaat van jaren zoekwerk in bibliotheken, archieven en musea, van het met wisselend succes aanschrijven van museumdirecties, gemeentebesturen en particulieren, en van (vaak herhaalde) bezoeken ter plaatse voor nog bewaarde fragmenten.

De inventaris zelf werd samengesteld tussen 1981 en 1986 en in een eerste enigszins geactualiseerde versie, voltooid op 1 juni 1988, gevoegd bij mijn doctorale dissertatie. Deze versie, nogmaals geactualiseerd, werd definitief afgesloten medio 1994.

Qua bronnen werd het zwaartepunt gelegd op een zo uitputtend mogelijk literatuuronderzoek. Uitgegeven bronnen werden nageplozen naast artikelen en werken. Waar mogelijk werd relevant archiefmateriaal via verwijzingen in de literatuur opgespoord en uitzonderlijk werd in het kader van deze of gene casus nog bijkomend archiefonderzoek verricht.

Enkel het eerste inventarisdeel krijgt een inleiding mee, waarin kort de rechtshistorische context en de verschillende vormen van 'feodale' kaken in herinnering worden gebracht, gevolgd door een diepgaander analyse van de vervaardiging en specifieke vormgeving van de stenen zuilkaken, het courantste type in onze gewesten.

Uiteraard werden de bewaarde schandpalen en kaakresten aan een nauwkeurig onderzoek ter plaatse onderworpen. In de mate van het mogelijke werden afmetingen en foto's genomen, werd getracht via orale traditie, literaire bronnen en/of archivalia herkomst en geschiedenis van het relict te achterhalen en werd per paal een beschrijving en specifieke bibliografie toegevoegd.

Per kaak, bewaard of verdwenen, werd gewerkt met volledige bibliografische verwijzigingen ten einde de lezer een directe toegang te verlenen. Een algemene bibliografie is dus achterwege gelaten. Enkel werken waarnaar veelvuldig wordt verwezen, zijn met een afgekorte titel opgenomen ; de volledige titel is te vinden bij de lijst van afgekorte titels en codes. Elke kaak, bewaard of verdwenen, is ook voorzien van een specifieke code die verwijst naar bewaring, lokatie en herkomst. De uitleg van de codes is terug te vinden in de lijst van afgekorte titels en codes vooraan.

De inventaris is alfabetisch gerangschikt per provincie en vervolgens op de (actuele) gemeentenaam (na de fusies), waarna een verdere opdeling naargelang de (deel- of post-)gemeente plaats vindt. Voor het klassement primeert de officiële schrijfwijze van de gemeentenaam op communautaire basis. Naargelang hun taalregime worden de gemeenten dus gerangschikt onder hun Nederlandstalige benaming als ze in het Vlaamse landsgedeelte liggen en onder hun Franstalige benaming als ze in het Franstalig landsgedeelte gesitueerd zijn. Eventuele officiële vertalingen worden enkel tussen haakjes na de officiële naam gezet : b.v. NAMUR (Namen), LA HULPE (Terhulpen). Voor tweetalige gemeenten heeft de Nederlandstalige benaming uiteraard voorrang. *Cross*-referenties vergemakkelijken evenwel het opzoeken. Los van het klassement wordt in de tekst zelf wel gebruik gemaakt van de officiële vertaling voor die gemeenten in het Franstalig landsgedeelte waarvan een officiële Nederlandse vertaling bestaat.

Rest mij de aangename plicht dank te zeggen aan al degenen die hebben bijgedragen tot de realisatie van deze inventaris. Dat zijn er zeer velen : niet alleen eigenaars, museumdirecties, gemeentebesturen, archivarissen, heemkundigen en collega's historici en rechtshistorici, maar ook familieleden, vrienden en kennissen, die mijn 'passie' voor de schandpalen poogden te begrijpen en waar mogelijk een helpend handje hebben toegestoken. Één man in het bijzonder wil ik eren, wijlen Dr. med. Frans Moens, huisarts te Gent-Wondelgem, die mij niet alleen zijn documentatie betreffende de nog bewaarde schandpalen in België, daterend uit de jaren '40-50, bereidwillig en belangeloos ter beschikking heeft gesteld, maar zelfs vol enthousiasme heeft meegeholpen aan het visiteren, verifiëren en actualiseren ervan. Zijn documentatie vormde het uitgangspunt voor deze inventaris ; zijn enthousiasme en belangeloze inzet stimuleerden mij dit gigantisch werk na zijn overlijden te voltooien.

Ten slotte gaat mijn dank ook uit naar de Koninklijke Academie voor Wetenschappen, Letteren en Schone Kunsten van België, en hierbij zeer in het bijzonder naar em. Prof. G. Verbeke, Vast Secretaris, en naar het Comité voor Rechtsgeschiedenis in de schoot van deze Academie voor de publikatie van deze inventaris. Daarnaast ben ik em. Prof. Dr. R. C. Van Caenegem en Prof. Dr. F. Vanhemelryck erkentelijk voor de raadgevingen die zij als leescommissaris bij de eindredactie van dit werk hebben geformuleerd.

# GEBRUIKTE CODES EN AFKORTINGEN

## *(a) Codes*

| | | |
|---|---|---|
| ⊗ | : | *verdwenen* kaak |
| ⊗ ? | : | *vermoedelijk verdwenen* kaak (alhoewel nog restanten vermeld worden in oude literatuur, wordt, gezien de aard van de gesignaleerde resten, vermoed dat zij thans verdwenen zijn) |
| ⊗ (?) | : | er is in bronnen of literatuur wel sprake van een kaak, maar er bestaat *ernstige twijfel of er effectief een kaak gestaan heeft* |
| ■ | : | *bewaarde* kaak(-resten), waarvan geweten is of aangenomen wordt dat ze *van deze plaats afkomstig* is |
| ■ ? | : | *mogelijk nog bewaarde* kaak(-resten) |
| ■ (?) | : | *bewaard restant*, waarvan beweerd wordt dat het een kaakrest is, al bestaat daarover *ernstige twijfel* |
| ● | : | bewaarde kaak(-resten), waarvan geweten is dat zij van deze plaats afkomstig is, maar die thans *elders* wordt *bewaard* |
| □ | : | bewaarde kaak(-resten), die thans op deze plaats wordt bewaard, maar waarvan we weten dat ze *van elders afkomstig* is |
| (● ?) | : | idem als ●, maar waarvan de huidige bewaarplaats geheel of gedeeltelijk onzeker is |
| ( □ ?) | : | idem als □, maar waarvan de huidige bewaarplaats geheel of gedeeltelijk onzeker is |
| ● ? | : | idem als ●, maar waar twijfel bestaat over het feit of het relict wel van deze plaats afkomstig is |
| □ ? | : | idem als □, maar waar twijfel bestaat over het feit of het relict wel van elders afkomstig is |
| (?) | : | drukt ernstige twijfel uit of het wel om een kaak(-restant) gaat |

## *(b) Afkortingen*

| | | |
|---|---|---|
| A. | : | Antwerpen (provincie) |
| a° | : | anno |
| A.É. | : | Archives de l'État |
| afb. | : | afbeelding |
| A.R.A. | : | Algemeen Rijksarchief (te Brussel) |
| arr. | : | arrondissement |
| art. | : | artikel(en) |
| B. | : | Brabant |
| bdn. | : | banden |

C. & P. : Cartes et Plans
d.d. : *de dato*
dln. : delen
f. : fusiegemeente (d.i. huidige gemeente)
f° : folio
Fr. : Frankrijk
H. : Henegouwen
Hs. : handschrift
Inv. : inventaris
K.B. : Koninklijk Besluit
Kon.Bibl. : Koninklijke Bibliotheek Albert I (Brussel)
K. & P. : Kaarten en Plans/Plattegronden
Lim. : Limburg
Lui. : Luik (provincie)
Lux. : Luxemburg
M.B. : Ministerieel Besluit
m.i. : mijns inziens
m.n. : met name
N. : Namen (provincie)
nl. : namelijk
n.r. : nieuwe reeks
nt. : (voet)noot
o.m. : onder meer
O.V. : Oost-Vlaanderen
p. : pagina
Pl. : plaat (= afb.)
prov. : provincie
P.V. : proces-verbaal
r. : reeks
R.A. : Rijksarchief
reg. : register
rek. : rekening(en)
S.A. : Stadsarchief
tek. : tekening
vgl. : vergelijk (met)
vnl. : voornamelijk
W.V. : West-Vlaanderen
z.f° : zonder folio-aanduiding
z.j. : zonder jaaraanduiding
z.p. : zonder pagina-aanduiding
z.pl. (n.j.) : zonder plaats (- en jaar-)aanduiding

*(c) afgekorte titels van tijdschriften*

„ACAE" : Annales du Cercle Achéologique d'Enghien
„ACAM" : Annales du Cercle archéologique de Mons

„ACAS" : Annales du Cercle archéologique du canton de Soignies
„AIAL" : Annales de l'Institut archéologique du Luxembourg-Arlon
„ASAN" : Annales de la Société archéologique de Namur
„BIAL" : Bulletin de l'Institut archéologique liégeois
„BSVAH" : Bulletin de la Société verviétoise d'Archéologie et d'Histoire
„BTCB" : Bulletin du Touring Club de Belgique
„DRSPAC" : Documents et Rapports de la Société paléontologique et archéologique de l'arrondissement judiciaire de Charleroi
„GW" : Le Guetteur wallon
„HT" : Hainaut Tourisme
„MPSSALH" : Mémoires et Publications de la Société des Sciences, des Arts et des Lettres du Hainaut
„OH" : Ons Heem
„TTCB" : Tijdschrift van de Touring Club van België

*(d) afgekorte titels van werken*

Y. Delannoy, *Piloris Arenberg*
= Y. Delannoy, *De quelques piloris aux armes des Ducs d'Arenberg dans les seigneuries d'Enghien et de Rebecq*, in : „ACAE", 13, 1963, p. 397-406.

P. De Win, *Een aspect*
= P. De Win, *Een aspect van het rechtshistorisch patrimonium in België : schandstrafinstrumenten*, in : G. Van Dievoet en G. Macours (ed.), *„Justicie ende Gerechticheyt". Handelingen van het Zevende Belgisch-Nederlands Rechtshistorisch Colloquium, gehouden op 17-18 mei 1982 te Kortrijk*, „Acta Falconis", 83/3, Antwerpen, 1983, p. 63-112.

P. De Win, *Hoever staat het*
= P. De Win, *Hoever staat het met de „Inventaris van het rechtshistorisch patrimonium van België" ?*, in : „OH", 37, 1983, p. 105-111.

P. De Win, *In het kader : roepstenen*
= P. De Win, *In het kader van de „Inventaris van het rechtshistorisch patrimonium van België" : roepstenen en kerkpuien*, in : „OH", 43, 1989, p. 46-94.

P. De Win, *In het kader : de schandstrafinstrumenten*
= P. De Win, *In het kader van de „Inventaris van het rechtshistorisch patrimonium van België" : de schandstrafinstrumenten*, in : „OH", 37, 1983, p. 137-158.

P. De Win, *Schandstraffen in België* (doct. diss.)
= P. De Win, *De schandstraffen in België van de middeleeuwen tot de 19e eeuw. Een rechtshistorische en rechtsarcheologische studie* (onuitg. doct. diss., rechten), 2 dln. in 4 bdn., R.U.G., Gent, 1989.

P. De Win, *Schandstraffen in het wereldlijk strafrecht*
= P. De Win, *De schandstraffen in het wereldlijk strafrecht in de Zuidelijke Nederlanden van de Middeleeuwen tot 1795, bestudeerd in Europees perspectief*, „Verhandelingen van de Koninklijke Academie voor Wetenschappen, Letteren en Schone Kunsten van België, Klasse der Letteren", CXXXIX, Brussel, 1991.

P. De Win, *Kaakstraf in België*
= P. De Win, *De kaakstraf in België van de Franse Tijd tot 1867*, „Iuris Scripta Historica", VI, Brussel, 1992.

P. DE WIN, *Schandpalen Edingen*
= P. DE WIN, *De schandpalen in het Land van Edingen en omliggende,* in : „Het Oude Land van Edingen en Omliggende", 21, 1993, p. 160-183 en 217-257.

graaf GOBLET D'ALVIELLA, *Perrons Wallonie*
= graaf GOBLET D'ALVIELLA, *Les perrons de la Wallonie et les Market-Crosses de l'Écosse,* in : „Bulletins de la Classe des Lettres de l'Académie royale de Belgique", 1913, p. 363-407.

H. HASQUIN e.a., *Gemeenten van België*
= H. HASQUIN e.a., *Gemeenten van België. Geschiedkundig en administratief-geografisch woordenboek,* 4 dln., Brussel, 1980-1981.

P. HEUPGEN, *Ballades judiciaires*
= P. HEUPGEN, *Ballades judiciaires. Signes extérieurs du droit,* in : „BTCB", 26, 1920, p. 472-473.

G. MEERSSEMAN, *Vorm en Betekenis*
= G. MEERSSEMAN, *Vorm en Betekenis onzer monumentale overheidstekens : kaak en piroen,* in : „OH", 3, 1947, p. 97-104.

F. MOENS, *Schandpalen*
= F. MOENS, *De schandpalen,* in : „TTCB", 53, 1947, nr. 3, p. 26-29 ; nr. 24, p. 275-278.

F. MOENS en P. DE WIN, *Hainaut*
= F. MOENS en P. DE WIN, *Le Hainaut et sa richesse inconnue de piloris,* in : „HT", nr. 220, 1983, p. 153-156.

J.-B. RIETSTAP, *Armorial général* en ill. ROLLAND
= J.-B. RIETSTAP, *Armorial général,* 2 dln., Gouda, 1884-1887[2] (anast. herdruk : Londen, 1965) + *Illustrations to the Armorial général by J.-B. Rietstap,* 6 dln. in 3 banden, V. en H. V. ROLLAND, Londen, 1967.

ROLLAND : zie sub RIETSTAP

E.J. SOIL DE MORIAMÉ, *Inventaire Mons*
= E. J. SOIL DE MORIAMÉ, *Inventaire des objets d'Art et d'Antiquité existant dans les édifices publics des communes de l'arrondissement judiciaire de Mons,* 4 dln., Charleroi, 1927-1931.

E. J. SOIL DE MORIAMÉ, *Inventaire Tournai*
= E. J. SOIL DE MORIAMÉ, *Inventaire des objets d'Art et d'Antiquité existant dans les édifices publics des communes de l'arrondissement judiciaire de Tournai,* 5 dln., Charleroi, 1923-1926.

H. TEMPERMAN, *Piloris Enghien*
= H. TEMPERMAN, *Quelques piloris de la région d'Enghien,* in : „ACAE", 12, 1960, p. 26-34.

L. VERRIEST, *Régime seigneurial*
= L. VERRIEST, *Le régime seigneurial dans le Comté de Hainaut,* Leuven, 1917-1956.

# INVENTARIS

## VI

## PROVINCIE HENEGOUWEN

*Aat* : zie ATH.

ACREN : zie LESSINES, Deux-Acren (H.58)

### ● H.1. AISEAU-PRESLES

Deelgemeente : AISEAU.
Thans : prov. Henegouwen, arr. Charleroi.
Eertijds : hertogdom Brabant.

BEWAARDE SCHANDPAAL VAN AISEAU

Thans bewaard te **LA BRUYÈRE**, Villers-lez-Heest (prov. Namen, N.15) (zie aldaar).

ANGRE : zie HONNELLES, Angre (H.48)

### ● H.2. ANTOING

Deelgemeente : ANTOING.
Thans : prov. Henegouwen, arr. Doornik.
Eertijds : graafschap Henegouwen en graafschap Vlaanderen.

BEWAARDE SCHANDPAAL VAN ANTOING

Thans bewaard te **TOURNAI**, Tournai (H.121) (zie aldaar).

ARQUENNES : zie SENEFFE, Arquennes (H.102)

ASQUILLIES : zie QUÉVY, Asquillies (H.93)

### ⊗ H.3. ATH (Aat)

Deelgemeente : ATH.
Thans : prov. Henegouwen, arr. Aat.
Eertijds : graafschap Henegouwen.

Verdwenen schandpaal van Aat

Er stond een schandbank nabij de toegangspoort tot het kasteel (R. Sansen, *Ath d'autrefois*, Lessen, 1965, p. 30 en 45 met een reconstructietekening Pl. 42bis ; Idem, *Ath, 500 ans de géants et de cortèges*, Aat, 1981, p. 22-23 met tek. Pl. 11).

Het was een stenen bank met de nodige kettingen, geplaatst tegen de stenen muur die de gracht omgaf. Deze bank verdween in 1599 naar aanleiding van het dichtgooien van de kasteelgrachten (R. Sansen, *Ath d'autrefois*, *o.c.*, p. 28bis).

Daarnaast maakte men de veroordeelde ook wel eens vast aan het kruis midden op het marktplein. Zo werden b.v. twee mannen „condemnez de pryer à Dieu et justiche merchy après avoir este deux heulres lyés sur le marché à le crois et furent bannis" (C.-J. Bertrand, *Histoire de la ville d'Ath*, in : „MPSSALH", r. 6, 8, 1906, p. 75-76 ; R. Sansen, *Ath d'autrefois*, *o.c.*, p. 45).

Ook werd er wel eens een gelegenheidsconstructie als schandpaal gebruikt. Men ging op een keer zelfs zo ver om boven de houten paal een platform te bouwen met een soort kakstoel erop. Het publiek kreeg dan de gelegenheid tot „souillant le patient Dieu sait comme" (C.-J. Bertrand, *o.c.*, p. 76 ; R. Sansen, *Ath, 500 ans*, *o.c.*, p. 24 met reconstructietekening Pl. 13 ; Idem, *Ath d'autrefois*, *o.c.*, p. 30 en 45 met afb. p. 28bis).

⊗ ? **H.4. ATH** (Aat) (afb. 1)

Deelgemeente : Mainvault.
Thans : prov. Henegouwen, arr. Aat.
Eertijds : graafschap Henegouwen.

(Verdwenen ?) schandpaal van Mainvault

Volgens dhr. J.-P. Ducastelle, archivaris van de stad Aat, waren er eertijds nog restanten van de schandpaal van Mainvault bewaard. Ze stonden op het erf van een boerderij, maar de boer liquideerde de paal, omdat zijn dochtertje bang was van de leeuwekop op de schacht. Er is zelfs ooit een dossier ingediend om deze restanten als monument te beschermen. Thans is onbekend of er nog iets van bewaard gebleven is en waar.

Een soort omgekeerde basis was nog tot na W.O.II zichtbaar te Mainvault, maar verdween omstreeks 1965 bij wegeniswerken (F. Moens en P. De Win, Hainaut, p. 156). Deze steen stond bekend als de *pierre du garde-champêtre* of 'steen van de veldwachter'. Hij lag nabij de hoofdingang van de kerk en was 48 cm hoog met een plat bovenstuk van 50 op 20 cm (zie ook : M. Van Haudenard, *De Steen van den Veldwachter*, in : „De Brabantsche Folklore", 16, 1936-37, p. 162-163 met tekening ; A. Marinus, *Le Folklore belge*, dl. II, p. 19 met tekening ; P. De Win, *Schandstraffen in België* (doct. diss.), dl. II-A, nr. 132 (H.4) met tekening en foto ca. 1960 ; Idem, *In het kader : roepstenen*, p. 76 nr. 2).

Het grootste deel van het dorp maakte deel uit van het leen La Hamaide, dat afhing van het pairschap Opzullik en dat o.m. toebehoorde aan de families van Luxemburg-Fiennes en van Egmond (H. Hasquin e.a., *Gemeenten van België*, dl. IV, p. 2319-2320).

**Attre** : zie Brugelette, Attre (H.19)

**Audregnies** : zie Quiévrain, Audregnies (H.97)

**Baisieux** : zie Quiévrain, Baisieux (H.98)

**Balinghe** : zie Silly, Hoves (H.108)

**Baudour** : zie Saint-Ghislain, Baudour (H.100)

*Bergen* : zie Mons

## ■ H.5. BERNISSART (afb. 2)

Deelgemeente : Bernissart.
Thans : prov. Henegouwen, arr. Aat.
Eertijds : graafschap Henegouwen.

**Bewaarde schandpaal van Bernissart**

*A. Huidige opstelling*

Op het dorpsplein, *Place de Bernissart* geheten, tegen de muur van een vleugel van het gemeentehuis.

*B. Herkomst en historisch overzicht*

(a) Afkomstig van de heerlijkheid Bernissart.

(b) Opgericht, volgens het wapenschild op de schacht, onder het bewind van de Croÿ's, heren van Bernissart vanaf 1716 tot het einde van het Ancien Régime (Matthieu, p. 597-598).
Waarschijnlijk zelfs door één van de laatste heren uit dit geslacht, nl. Emmanuel de Croÿ-Solre, 7de hertog van Croÿ en prins van Solre (1718-1784), die gehuwd was met Angeline-Adelaide d'Harcourt, ofwel zijn zoon, Anne-Emmanuel (1743-1803), allebei ridders in de Franse ridderorden van de H. Lodewijk en van de H. Geest (zie : G. Martin, *Histoire et généalogie de la Maison de Croÿ*, La Ricamarie, 1980, p. 108-112 ; G. Wymans, *Inventaire des archives des Ducs de Croÿ*, Brussel, 1977, p. 85 sqq. en tafel VII ; *Europäische Stammtafeln*, Neue Folge, dl. VI, Marburg, 1978, Tafel 100).

(c) Oprichtingsdatum : 18de eeuw. Gezien het volle geslachtswapen, m.i. slechts na 1767, omdat de tak Croÿ-Solre slechts hertog van Croÿ werd in dat jaar na het uitsterven van de tak Croÿ-Roeulx (G. Martin, *o.c.*, p. 109), en zelfs na het overlijden van Marie-Marguerite-Louise de Millendonck, vrouwe van Bernissart (†23 augustus 1768), die na de dood van haar man, Alexandre-Emmanuel de Croÿ-Solre (†31 oktober 1723), het vruchtgebruik van de heerlijkheid behield (Matthieu, p. 597-598) (vgl. *Patrimoine monumental*, dl. XIII-2, p. 463 : 1716).

(d) Oorspronkelijke opstelling : eertijds nabij het thans verdwenen kasteel, op de plaats *le pilori* op het kruispunt van de weg naar het dorpsplein en deze naar de jongensschool (Matthieu, p. 582 nt. 1).

(e) Opgravings- en heroprichtingskroniek :
De paal werd vermoedelijk in 1792 omvergeworpen. De restanten lagen lange tijd nabij de oorspronkelijke opstellingsplaats, alleszins tot na 1880 (zie : Matthieu,

p. 582 nt. 1 en p. 599). Daarna werd de paal opgesteld tegen de muur van het café 'Le Pilori' aan de overzijde van zijn huidige opstellingsplaats. Rond de eeuwwisseling werd de paal dan overgebracht naar zijn huidige plaats.

*C. Beschrijving en afmetingen*

De schandpaal geeft enigszins de indruk een halfzuilkaak te zijn, omdat de schacht gedeeltelijk in de muur is ingewerkt en de basis deze indruk nog versterkt. Gezien zijn oorspronkelijke opstellingsplaats lijkt dit weinig waarschijnlijk en zou de paal van het zuiltype moeten zijn. Vermoedelijk is de basis dan ook niet origineel of alleszins 'aangepast' in de 19de eeuw.

Achthoekige zuilkaak. Arduin.

Globale hoogte : 3,05 m (Soil de Moriamé, p. 163 nr. 740).

(a) Bekroning : verdwenen.

(b) Schacht : een achthoekige zuil, die gedeeltelijk in de muur is ingewerkt, met onderaan enige profilering. De zuil was alleszins gebroken ter hoogte van de halsijzerhouder, reden wellicht van zijn incorporatie in de muur. In het midden van de zuil prijkt een zwaar beschadigde kop, die m.i. een leeuwekop voorstelt (vgl. *Patrimoine monumental*, dl. XIII-2, p. 463 : mensenhoofd). Eertijds was in de bek de bevestigingsring voor het halsijzer aangebracht.

Bovenaan op de schacht is het beschadigde wapen van de familie Croÿ-Dulmen-Solre in halfverheven beeldhouwwerk aangebracht : gedwarsbalkt van zes stukken, zilver en keel (R. Born, *Les Croÿ*, Brussel, 1981, p. 405 ; J.-B. Rietstap, *Armorial général*, dl. I, p. 492 en ill. Rolland, dl. II, Pl. CLVIII). Het wapen is getopt met een prinselijke hoed en omhangen met een ordeketen en -juweel. Dit laatste element is echter niet al te duidelijk meer zichtbaar, zodat het ook om een loutere randversiering zou kunnen gaan. Het is zeker geen Gulden Vliesketen (zoals o.m. beweerd door Moens, p. 276 ; De Seyn, dl. I, p. 109 ; Moens en De Win, p. 154 ; Soil de Moriamé, p. 163 ; *Patrimoine monumental*, dl. XIII-2, p. 463) ; de laatste heren van Bernissart waren nooit in deze orde opgenomen), maar eventueel wel het ordeteken van de H. Lodewijk of van de H. Geest, waartoe de beide laatste heren behoorden (cf. *supra*).

Hoogte : ca. 2,50 meter.

(c) Basis : twee treden schragen de zuil. Ze werden mogelijk 'aangepast' tot twee halve achthoeken, maar kunnen ook uit de 19de eeuw stammen. De bovenste trede lijkt origineel.

Hoogte : ca. 50 cm.

*D. Specifieke bibliografie*

Th. Bernier, *Dictionnaire du Hainaut*, Bergen, 1879, p. 47-48 ; E. De Seyn, *Dictionnaire historique et géographique des communes belges*, Brussel, 1933-1934, dl. I, p. 109 ; P. De Win, *Een aspect*, p. 99 nt. 133, p. 100 nt. 151, p. 107 nr. 54 ; Idem, *In het kader : de schandstrafinstrumenten*, p. 145 nt. 7, p. 155 nr. 54 ; Idem, *Schandstraffen in België* (doct. diss.), dl. II-A, nr. 133 (H.5) (afb.) ; Idem, *Schandstraffen in het wereldlijk strafrecht*, p. 130 nt. 81 ; Idem, *De misleidende kaak van Bernissart*, in : „Het Volk", d.d. 10 april 1994 (afb.) ; E. Matthieu, *Une dernière visite : le château de Bernissart*, in : „ACAM", 16, 1880, p. 582 nt. 1 ; G. Meersseman, *Vorm en Betekenis*, p. 101 ; F. Moens, *Schandpalen*,

p. 276 ; F. Moens en P. De Win, *Hainaut*, p. 154 (afb.) ; *Le Patrimoine monumental de la Belgique. Wallonie*, dl. XIII-2, Luik, 1988, p. 463 (met Pl. 365) ; L. A. J. Petit, *Les communes du canton de Quevauchamps*, in : „ACAM", 16, 1880, p. 605 en 642 ; [...], *Piloris*, in : „Jadis", 5, 1901, p. 100 ; E. Poumon, *Perrons et piloris*, in : „La Revue Nationale", 33, 1961, p. 170 ; E. J. Soil de Moriamé, *Inventaire Tournai. IV. Arr. Ath*, p. 163 nr. 740 (afb.) ; J. Van Overstraeten, *Gids voor Wallonië en het groothertogdom*, Antwerpen, 1958, p. 49 ; [D. Wautelet-Delahaie e.a.], *Wallonië. Toeristische gids 1982-1983*, Luik, 1982, p. 42.

*E. Inventaris* : bezoek ter plaatse in 1982.

*F. Foto's* : P.D.W. 1982 ; A.C.L. A.78150 (1945).

**Beugnies** : zie Mons, Harmignies (H.70)
⇒ Mons, Nouvelles (H.78)

### ⊗ H.6. BINCHE

Deelgemeente : Binche.
Thans : prov. Henegouwen, arr. Thuin.
Eertijds : graafschap Henegouwen.

**Verdwenen schandpaal van Binche**

Als kaak werden de hekken rond de fontein op de markt wel eens gebruikt : ofwel klonk men de veroordeelde er met ijzeren boeien aan vast, ofwel zette men hem op een ladder, die tegen de hekken werd geplaatst (E. Roland, *Pilori à Braine-le-Comte*, in : „ACAS", 15, 1955, p. 39). Het ging hier dus om een geïmproviseerde kaak.

Toch werd er later blijkbaar ook van een vaste kaak gebruik gemaakt. Deze schandpaal van het zuiltype stond op enkele treden opgesteld vóór het belfort en stadhuis (zie de afbeelding van een reconstructietekening van de stad midden 16de eeuw, vervaardigd door P. Nagant in 1944 op aanwijzingen van Gaillez en Glotz : *Jacques Dubrœucq, sculpteur et architecte de la Renaissance*, tentoonst.cat., Bergen, 1985, p. 196).

Binche heeft steeds aan de graven van Henegouwen toebehoord, al hebben dezen de stad wel eens aan familieleden in apanage of douairie gegeven (zie : Th. Lejeune, *Histoire et archéologie du canton de Binche : Binche*, in : „DRSPAC", 6, 1873, p. 285-287).

### ⊗ H.7. BINCHE (afb. 3)

Deelgemeente : Binche.
Thans : prov. Henegouwen, arr. Thuin.
Eertijds : graafschap Henegouwen.

**Verdwenen schandpaal van Épinois**

Op een plan uit de 16de eeuw (alleszins vóór 1567) met een overzicht van de heerlijkheid Épinois staan er drie schandpalen afgebeeld. Elke schandpaal bestaat uit een overdekte houten constructie met een openschuifbare plank waarin vier uitsparingen voor de hoofden van de veroordeelden waren voorzien (BERGEN, A. É., C. & P., nr. 23 ; detailtekening met één toestel vóór de kerk van Épinois : L. VERRIEST, *Régime seigneurial*, p. 334bis en 335-336 ; een reproduktie van dit plan hangt in het Musée royal de Mariemont te Morlanwelz : P. DE WIN, *Een aspect*, p. 101 nt. 153 ; IDEM, *Hoever staat het*, p. 110). De afgebeelde schandpalen staan vóór de kerken van Épinois, Ressaix en Leval (volgens : *Binche huit siècles d'histoire*, tentoonst.cat., Binche, 1972, p. 10-11 nr. 54).

De heerlijkheid Épinois was in de middeleeuwen in het bezit van de families Houdain (12de-14de eeuw) en Esclaibes. In 1602 kwam zij in het bezit van de familie de Ligne. Hendrik de Ligne verkocht haar in 1689 aan de familie Le Boucq, die haar tot aan de Franse Tijd bezat (H. HASQUIN e.a., *Gemeenten van België*, dl. III, p. 1815-1816). De heren bezaten de drie graden van rechtsmacht en het recht er een schandpaal te plaatsen (Th. LEJEUNE, *Histoire et archéologie du canton de Binche : Épinois*, in : „DRSPAC", 6, 1873, p. 311-313).

### ● H.8. BINCHE

Deelgemeente : LEVAL-TRAHEGNIES.
Thans : prov. Henegouwen, arr. Thuin.
Eertijds : graafschap Henegouwen.

#### BEWAARDE SCHANDPAAL VAN LEVAL

Thans bewaard te **MORLANWELZ**, Morlanwelz-Mariemont (H.85) (zie aldaar).

### ⊗ H.9. BINCHE

Deelgemeente : RESSAIX.
Thans : prov. Henegouwen, arr. Thuin.
Eertijds : graafschap Henegouwen.

#### VERDWENEN SCHANDPAAL VAN RESSAIX

In de 16de eeuw (alleszins vóór 1567) stond er aldaar een schandpaal opgesteld, bestaande uit een overdekte houten constructie met een openschuifbare plank met vier uitsparingen voor de hoofden van de veroordeelden. De schandpaal staat met twee andere schandpalen uit de buurt op een plan van de heerlijkheid Épinois (BERGEN, A. É., C. & P., nr. 23 ; zie ook : *Binche huit siècles d'histoire*, tentoonst.cat., Binche, 1972, p. 10-11 nr. 54).

Hoogstwaarschijnlijk gaat het in casu om de schandpaal van de heerlijkheid Court-à-Ressaix, die in het begin van de 16de eeuw toebehoorde aan de familie d'Esclaibes, heren van Épinois (zie : H. HASQUIN e.a., *Gemeenten van België*, dl. IV, p. 2668 v° Ressaix, en dl. III, p. 2245 v° Leval-Trahegnies ; Th. LEJEUNE, *Histoire et archéologie du canton de Binche : Ressaix*, in : „DRSPAC", 6, 1873, p. 367-373).

### ⊗ H.10. BINCHE

Deelgemeente : WAUDREZ
Thans : prov. Henegouwen, arr. Thuin.
Eertijds : graafschap Henegouwen.

**Verdwenen schandpaal van Waudrez**

In de 17de eeuw stond er op de *Mont de la Justice* aldaar een schandpaal (E.M[atthieu], *Piloris*, in : „Jadis", 11, 1907, p. 70). Vermits Waudrez steeds rechtstreeks van de graaf heeft afgehangen (H. Hasquin e.a., *Gemeenten van België*, dl. IV, p. 3044 ; S. Goovaerts, *Un village inconnue. Waudrez, l'ancien Vodgoriacum des Romains*, Binche, 1933), was het een schandpaal onder de jurisdictie van de graaf, tenzij het een schandpaal van de heerlijkheid Bruille te Waudrez zou betreffen. De heren van Bruille bezaten immers ook de drie graden van rechtsmacht (Th. Lejeune, *Histoire et archéologie du canton de Binche : Waudrez*, in : „DRSPAC", 6, 1873, p. 393-395).

**Blicqui** : zie Leuze-en-Hainaut, Blicquy (H.61)

**Bois-de-Lessines** : zie Lessines, Bois-de-Lessines (H.57)

**Bois d'Haine** : zie Manage, Bois d'Haine (H.65)
⇒ Seneffe, Familleureux (H.103)

**Bolignies** : zie Brugelette, Brugelette (H.20)

## ⊗ H.11. BRAINE-LE-COMTE ('s-Gravenbrakel)

Deelgemeente : Braine-le-Comte.
Thans : prov. Henegouwen, arr. Zinnik.
Eertijds : graafschap Henegouwen.

**Verdwenen schandpaal van 's-Gravenbrakel**

In 1409 werd een schandpaal opgericht te 's-Gravenbrakel. Hij bestond uit een massieve houten staak bekroond met een ijzeren pin. Er werd een ijzeren halsijzer voorzien, alsmede een mand, die omhoog kon worden getrokken (E. Roland, *Pilori à Braine-le-Comte*, in : „ACAS", 15, 1955, p. 39 ; C. Dujardin en J. Croquet, *Glossaire toponymique de la ville de Braine-le-Comte*, in : „ACAE", 5, 1894-98, p. 108 ; cf. „Ons Volksleven", 11, 1899, p. 206).

De schandpaal stond opgesteld op de markt nabij de halle (E. Roland, *o.c.*, p. 39 ; C. Dujardin en J. Croquet, *o.c.*, p. 107-108).

In de 15de-17de eeuw vonden er alleszins tepronkstellingen plaats (zie : Roland, *o.c.*, p. 40-43 ; C. Dujardin en J. Croquet, *o.c.*, p. 108).

Er staat een soort kruis op de markt afgebeeld op een kaart van Jacob van Deventer (ed. Jacques de Deventer, *Villes de la Belgique au xvi^e siècle*, sub *Braine-le-Comte*, kaart legende nr. 14 : aangeduid als 'perron' of 'pilori'). Het gaat hier m.i. niet om een schandpaal maar om een marktkruis ; de schandpaal, die hier wel „perron" werd genoemd, stond nabij de halle (zie : C. Dujardin en J. Croquet, *o.c.*, p. 105 en 107-108).

Tot 1652 ressorteerde 's-Gravenbrakel rechtstreeks onder de graven van Henegouwen. Toen werd de heerlijkheid met alle rechtsmacht aan de hertog van Arenberg verkocht, die het goed tot aan de Franse Tijd behield (H. Hasquin e.a., *Gemeenten van België*, dl. III, p. 1632-1633).

■ **H.12. BRAINE-LE-COMTE** ('s-Gravenbrakel) (afb. 4-5)

Deelgemeente : Braine-le-Comte.
Thans : prov. Henegouwen, arr. Zinnik.
Eertijds : graafschap Henegouwen.

**Bewaarde schandpaalrest van de heerlijkheid Salmonsart te 's-Gravenbrakel**

*A. Huidige opstelling*

Op de binnenkoer van de 'Ferme de Salmonsart' te 's-Gravenbrakel. Het restant is privé-bezit.

*B. Herkomst en historisch overzicht*

(a) Afkomstig van de heerlijkheid Salmonsart te 's-Gravenbrakel.

(b) De nog bewaarde schandpaal werd mogelijk al opgericht door de familie de Vergnies, die evenwel uitstierf in 1762. Een schandpaal van Salmonsart is zichtbaar op een plan, vervaardigd door J.-J. Plon op 29 november 1724 op verzoek van jonkheer Antoine de Vergnies, heer van Salmonsart (Bergen, A. É., C. & P., nr. 100).
Of anders werd de huidige paal opgericht door de familie de la Barre, die de heerlijkheid de laatste decennia van de 18de eeuw bezat en alleszins in haar domeinen (zie o.m. sub Écaussinnes, Écaussinnes d'Enghien, H.31) schandpalen oprichtte (zie ook : Dujardin en Croquet, p. 138-139).
De heerlijkheid Salmonsart was vanaf 1389 een afzonderlijke heerlijkheid met alle graden van rechtsmacht (Dujardin en Croquet, p. 138).

(c) Oprichtingsdatum : vermoedelijk in de 18de eeuw.

(d) Oorspronkelijke opstelling : aan de steenweg van Brussel via 's-Gravenbrakel naar Bergen, op het snijpunt met het landwegje naar het kasteel van Salmonsart (cf. Bergen, A. É., C. & P., nr. 100 ; Dujardin en Croquet, p. 92 sub 'ps' en p. 178).

(e) Opgravings- en heroprichtingskroniek :
Het zuilfragment werd opgediept uit een beekje dat een weiland in de buurt van het kasteel van Salmonsart afboorde. De paal werd waarschijnlijk in de Franse Tijd verwijderd. Dhr. Gérard Bavay, conservator van het *Musée du Vieux-Cimetière* te Zinnik, hielp mee bij het verzamelen van restanten en ijvert voor een heroprichting van de paal. Lange tijd stond de paalrest weggezakt en enigszins ingegraven tegen de zijmuur van de binnenkoer van de hoeve (Hij was zelfs meegeverfd!). Op 22 juli 1993 werd hij gelicht om opgekuist en heropgericht te worden.

*C. Beschrijving en afmetingen*

Achthoekige zuilkaak. Arduin.
Het onderste stuk van de schacht is alleszins bewaard gebleven ; enkele achthoekige stukken arduin bleven ook bewaard, maar lijken niet bijpassend.

(a) Bekroning : verdwenen.

(b) Schacht : bewaard bleef enkel het onderste stuk van de schacht. De paal is

achthoekig (ca. 11,5 cm per kant) en versmallend en voorzien van een gelijkvormige sokkel met profilering en uitsparingen voor de doken.
Aan de achterzijde is bovenaan een vrij vlakke uitsparing merkbaar, wellicht de plaats waar eertijds de leeuwekop van de halsijzerhouder was aangebracht.
Hoogte van de bewaarde paalrest : ca. 142 cm.

(c) Basis : verdwenen.

*D. Specifieke bibliografie*

P. De Win, *Een aspect*, p. 97 nt. 113 ; Idem, *Schandstraffen in België* (doct. diss.), dl. II-A, nr. 140 (H.12) (afb.) ; Idem, *Schandstraffen in het wereldlijk strafrecht*, p. 107 ; Idem, *Kaakstraf in België*, p. 35 nt. 62 ; Idem, *Schandpalen Edingen*, p. 244-246 (afb. 15) ; C. Dujardin en J. Croquet, *Glossaire toponymique de la ville de Braine-le-Comte*, in : „ACAE", 5, 1894-98, p. 92, 137-139 en 179.

*E. Inventaris* : bezoeken ter plaatse in 1984 en 1993.

*F. Foto's* : P.D.W. 1984 en 1993.

## ⊗ H.13. BRAINE-LE-COMTE ('s-Gravenbrakel)

Deelgemeente : Braine-le-Comte.
Thans : prov. Henegouwen, arr. Zinnik.
Eertijds : graafschap Henegouwen.

### Verdwenen schandpaal van het kapittel van Sainte-Waudru te 's-Gravenbrakel

Op het punt waarop het goed *du Caillou* de steenweg naar Brussel raakte, bevond zich volgens een plan uit 1587 een schandpaal.

Het zou deze van de heerlijkheid van het kapittel van Sainte-Waudru (Sinte-Waldetrudis) uit Bergen zijn geweest (C. Dujardin en J. Croquet, *Glossaire toponymique de la ville de Braine-le-Comte*, in : „ACAE", 5, 1894-98, p. 159 en 197-198 ; zie ook : Bergen, A. É., C. & P., nrs. 33 en 1043).

## ⊗ H.14. BRAINE-LE-COMTE ('s-Gravenbrakel)

Deelgemeente : Henripont.
Thans : prov. Henegouwen, arr. Zinnik.
Eertijds : graafschap Henegouwen.

### Verdwenen schandpaal van Henripont

Er zou aldaar een schandpaal hebben gestaan, die evenwel al vroeg is verdwenen (L. Jous, *Piloris de chez nous*, in : „Le Val Vert", 3, 1973, p. 48).

Henripont was een leen van het Land van Edingen (zie H. Hasquin e.a., *Gemeenten van België*, dl. III, p. 2063-2064 ; E. Landercy, *Henripont, ses seigneurs jusque vers le commencement du* xvii[e] *siècle*, in : „ACAS", 13, 1953, p. 109-128).

⊗ **H.15. BRAINE-LE-COMTE** ('s-Gravenbrakel)

Deelgemeente : RONQUIÈRES.
Thans : prov. Henegouwen, arr. Zinnik.
Eertijds : hertogdom Brabant.

**VERDWENEN SCHANDPAAL VAN RONQUIÈRES**

Te Ronquières stond er in 1743 alleszins een schandpaal met de wapens van de hertog van Arenberg opgesteld. Het was een houten paal, waarvan het wapenvaantje in 1743 werd herschilderd (BRUSSEL, A.R.A., Fonds Arenberg, anno 1743, f° 112 ; cf. Y. DELANNOY, *Piloris Arenberg*, p. 406).

Ronquières behoorde eerst rechtstreeks toe aan de hertogen van Brabant, die het met alle rechtsmacht in leen gaven aan de heren van Edingen. Deze laatsten bezaten de heerlijkheid tot het einde van het Ancien Régime (H. HASQUIN e.a., *Gemeenten van België*, dl. IV, p. 2695 ; E. LANDERCY, *Histoire de Ronquières*, Zinnik, 1957, p. 38-62). In de 18de eeuw bezaten de hertogen van Arenberg het Land van Edingen en dus ook Ronquières.

■ **H.16. BRAINE-LE-COMTE** ('s-Gravenbrakel) (afb. 6)

Deelgemeente : STEENKERQUE (Steenkerke).
Thans : prov. Henegouwen, arr. Zinnik.
Eertijds : graafschap Henegouwen.

**BEWAARDE SCHANDPAAL VAN STEENKERKE**

*A. Huidige opstelling*

De bekroning van de schandpaal ligt tegen de grond nabij het kerkportaal (op de *Place de Steenkerque*). Een stuk van de schacht is mogelijk nog bewaard gebleven ; het werd in 1955 aan een Gentse aannemer verkocht (TEMPERMAN, p. 31-32).

*B. Herkomst en historisch overzicht*

(a) Afkomstig van de heerlijkheid STEENKERKE.
(b) Opgericht, volgens de wapens op de bekroning, door de familie de Gottignies, heren van Steenkerke. Deze familie was in 1658 verheven tot baron van het H. Roomse Rijk en op 26 mei 1725 tot baron van Gottignies (J.-B. RIETSTAP, *Armorial général*, dl. I, p. 804).
(c) Oprichtingsdatum : vermoedelijk in de 18de eeuw, gezien de uitvoering in Lodewijk XV-stijl.
(d) Oorspronkelijke opstelling : op het dorpsplein.
(e) Opgravings- en heroprichtingskroniek :
De paal werd waarschijnlijk in de Franse Tijd omvergeworpen.
De bekroning met de verminkte wapens stond lange tijd op een afsluitingspaal van het kerkhof. Later werd zij overgebracht naar haar huidige plaats naast de kerkingang, waar zij een tijdlang als roepsteen voor de veldwachter dienst deed (TEMPERMAN, p. 33).
Een stuk schacht en een soort sokkel (dit laatste stuk is m.i. van een grafkruis afkomstig) werden aangekocht door de heer J. Bierny, een antiekhandelaar uit

Edingen ; ze lagen nabij de oude kasteelhoeve van Steenkerke. In augustus 1955 werden beide fragmenten doorverkocht aan een Gentse aannemer (Temperman, p. 31-32).

*C. Beschrijving en afmetingen*

Zuilkaak. Arduin.
Met zekerheid is thans nog slechts de bekroning bewaard.

(a) Bekroning : een omgekeerde piramide met drie zijden. Elke zijde is getooid met het wapen van de familie de Gottignies, gevat in een Lodewijk XV-versiering. De familie de Gottignies voerde als wapen : in zilver drie hellende klophamers van sabel, 2 en 1 geplaatst. Ook het helmteken, de vederdos van een haan van sabel, is nog zichtbaar boven het wapen (zie J.-B. Rietstap, *Armorial général,* dl. I, p. 804 met ill. Rolland, dl. III, Pl. LXXIII.
Hoogte : 60 cm.

(b) Schacht : mogelijk is een stuk nog bewaard gebleven. Het had een onregelmatige vorm (Lodewijk XV-stijl?) en zag eruit als een soort getrapt, driezijdig prisma met negen onregelmatige vlakken (een smal vlak begrensd door twee brede) die bovenaan enigszins zijn afgerond. Hoogte : ca. 1,20 meter ; breedte van elke zijde : ca. 50 cm (Temperman, p. 31-32).
Het stuk dat wel eens als sokkel of basis werd aangezien, maar m.i. van een grafkruis afkomstig is, was achthoekig met een vierkant grondplan (hoogte : 44 cm ; breedte : 56 cm) (Temperman, p. 31) ; het past alleszins niet bij het andere restant.

(c) Basis : verdwenen.

*D. Specifieke bibliografie*

G. Bavay, *Steenkerque,* in : „HT", nr. 237, 1986, p. 120 ; P. De Win, *Een aspect,* p. 83 nt. 3 en p. 108 nr. 55 ; Idem, *In het kader : de schandstrafinstrumenten,* p. 155 nr. 55 ; Idem, *Hoever staat het,* p. 105 en 109 (afb.) ; Idem, *In het kader : roepstenen,* p. 76 ; Idem, *Schandstraffen in België* (doct. diss.), dl. II-A, nr. 144 (H.16) (afb.) ; Idem, *Schandpalen Edingen,* p. 246-249 (afb. 16) ; F. Moens en P. De Win, *Hainaut,* p. 156 ; H. Temperman, *Piloris Enghien,* p. 31-33 (afb.).

*E. Inventaris* : bezoek ter plaatse in 1982.

*F. Foto's* : P.D.W. 1982.

## ⊗ H.17. BRAINE-LE-COMTE ('s-Gravenbrakel)

Deelgemeente : Steenkerque (Steenkerque).
Thans : prov. Henegouwen, arr. Zinnik.
Eertijds : graafschap Henegouwen.

### Verdwenen schandpaal van het Sint -Vincentiuskapittel te Steenkerke

Op het gehucht Warichaix te Steenkerke, waar eertijds de tiendschuur van het St.-Vincentiuskapittel van Zinnik stond (d.w.z. ongeveer 50 meter van de kerk van Steenkerke vandaan), was tot voor enkele jaren een grote steen zichtbaar in het gazon vóór het huis van wijlen het echtpaar J. Dechamps (H. Temperman, *Piloris Enghien,* p. 32 ; F. Moens en P. De Win, *Hainaut,* p. 156).

De paal werd in de Franse Tijd vermoedelijk omvergeworpen. Hij zou omgekeerd in de grond zijn gestoken met de basis of voet van de schacht nog juist boven de grond uit. Een poging, die omstreeks het midden van de 19de eeuw werd ondernomen, om de paal eruit te trekken, mislukte (H. Temperman, *o.c.*, p. 32). Een bezoek ter plaatse leerde dat de huidige bewoners de steen hebben verbrijzeld en gedumpt in een put te zamen met andere lapidaire resten ; de dichtgegooide put bevindt zich thans onder het gazon.

Het kapittel van St.-Vincentius had op 2 januari 1673 besloten om te Steenkerke een schandpaal op te richten (H. Temperman, *o.c.*, p. 32 ; Th. Lejeune, *Mémoire historique sur l'ancienne ville de Soignies*, in : „MPSSALH", r. 3, 4, 1868-69, p. 427 ; L. Verriest, *Régime seigneurial*, p. 335-336 nt. 7). Deze kaak stond oorspronkelijk niet zover van de plaats waar hij thans ligt begraven, nabij de oude weg naar Hove (H. Temperman, *o.c.*, p. 32). De paal van het kapittel staat afgebeeld op een oud plan uit de 17de eeuw (nagetekend in het handschrift betreffende de geschiedenis van Steenkerke door de heer De Meester, bewaard in de pastorie van Steenkerke).

## ⊗ H.18. BRAINE-LE-COMTE ('s-Gravenbrakel)

Deelgemeente : Steenkerque (Steenkerke).
Thans : prov. Henegouwen, arr. Zinnik.
Eertijds : graafschap Henegouwen.

### Verdwenen schandpaal van de heerlijkheid Desprets te Steenkerke

In deze heerlijkheid te Steenkerke stond er alleszins vóór 1567 een schandpaal, getuige een rekening uit 1567-68 die een betaling vermeldt voor twee wapenbaniertjes en het aanbrengen van het nodige ijzerwerk aan de schandpalen van Graty en Desprets. Het gaat hier hoogstwaarschijnlijk om houten palen (H. Temperman, *Piloris Enghien*, p. 30).

De heerlijkheid was toen in handen van de familie d'Andelot, die ook de heerlijkheden Hove en Graty bezat (H. Temperman, *o.c.*, p. 30).

**Brasménil** : zie Péruwelz, Brasménil (H.90)

## ■ H.19. BRUGELETTE (afb. 7)

Deelgemeente : Attre.
Thans : prov. Henegouwen, arr. Aat.
Eertijds : graafschap Henegouwen.

### Bewaarde schandpaal van Attre

*A. Huidige opstelling*

In het park van het kasteel van Attre.

*B. Herkomst en historisch overzicht*

(a) Afkomstig van de heerlijkheid Attre (vgl. Dopagne, p. 8 : van Aat, maar dit is ongetwijfeld een drukfout).

(b) Vermoedelijk opgericht door François F. J. Franeau d'Hyon, graaf van Gomegnies, *pair du Cambraisis*, die in 1752 het kasteel van Attre verbouwde tot het huidige geheel (Dopagne, p. 5-9 ; H. Hasquin e.a., *Gemeenten van België*, dl. III, p. 1466).

(c) Oprichtingsdatum : waarschijnlijk omstreeks 1752, gezien de stijl ; alleszins in de 18de eeuw.

(d) Oorspronkelijke opstelling : op het plein nabij de kerk (volgens de mondelinge overlevering).

(e) Opgravings- en heroprichtingskroniek :
De paal stond op het plein nabij de kerk tot 1928. In dat jaar werd hij door de toenmalige eigenaar, Gaston de Meester de Heyndonck, naar zijn huidige standplaats overgebracht (Dopagne, p. 8 ; Moens en De Win, p. 154).

*C. Beschrijving en afmetingen*

Balkvormige zuilkaak. Arduin.
Globale hoogte : ca. 4 meter.

(a) Bekroning : een ombladerde bol. Hoogte : ca. 30 cm.

(b) Schacht : fijne balkvormige constructie (ca. 25 à 30 cm breed) met cannelures, voorzien van een vrij zwaar getrapt kapiteel met vierkante dekplaat.
Ongeveer halverwege de schacht is een soort vervaagd bloemmotief aangebracht rond de bevestigingsring van het halsijzer.
Hoogte : ca. 3 meter.

(c) Basis : een enigszins getrapte afgeknotte piramide van ca. 75 cm hoogte. Deze basis is waarschijnlijk nog origineel (vgl. Moens en De Win, p. 154).

*D. Specifieke bibliografie*

J. Delmelle, *Le château d'Attre*, Bergen, 1983, p. 28-29 (afb.) ; P. De Win, *Een aspect*, p. 94 nt. 88 en p. 108 nr. 56 ; Idem, *In het kader : de schandstrafinstrumenten*, p. 155 nr. 56 ; Idem, *Schandstraffen in België* (doct. diss.), dl. II-A, nr. 147 (H.19) (afb.) ; Idem, *Schandstraffen in het wereldlijk strafrecht*, p. 122 ; Idem, *Kaakstraf in België*, p. 33 nt. 56 ; G. Dopagne, *Attre, ou le raffinement du xviii<sup>e</sup> siècle*, in : „HT", nr. 120, 1967, p. 7-8 (afb.) ; F. Moens en P. De Win, *Hainaut*, p. 154 ; *Le Patrimoine monumental de la Belgique. Wallonie*, dl. XIII-2, Luik, 1988, p. 521 ; E. Poumon, *Châteaux en Hainaut*, Bergen, 1971, p. 16 ; J. Van Overstraeten, *Gids voor Wallonië en het groothertogdom*, Antwerpen, 1958, p. 31 ; J. Van Remoortere, *Ippa's Kastelengids voor België*, Tielt, 1980, p. 134.

*E. Inventaris :* bezoek ter plaatse in 1982.

*F. Foto's* : P.D.W. 1982.

## ■ H.20. BRUGELETTE

Deelgemeente : Brugelette.
Thans : prov. Henegouwen, arr. Aat.
Eertijds : graafschap Henegouwen.

BEWAARDE SCHANDPAAL VAN BOLIGNIES

*A. Huidige opstelling*

De basis zou nog bestaan (volgens MAHY, p. 64, bevestigd door dhr. Chr. Cannuyer uit Brugelette in 1984 en 1993), maar is thans onder de grond verdwenen. De juiste ligging is mij niet bekend.

*B. Herkomst en historisch overzicht*

(a) Afkomstig van de heerlijkheid BOLIGNIES (of BAULIGNIES) te Brugelette (MAHY, p. 64).

(b) De oprichter is moeilijk aan te wijzen. De heerlijkheid was een eigengoed met de drie graden van rechtsmacht (MAHY, p. 55-80). Zij was evenwel tweeherig, nl. de abdij van St.-Denis-en-Broqueroie enerzijds en de familie de Jauche-Mastaing anderzijds (H. HASQUIN e.a., *Gemeenten van België*, dl. III, p. 1639-1641 ; M. VAN HAUDENARD, *Villages au pays d'Ath : Brugelette*, in : „La Vie Wallonne", 19, 1938-39, p. 298-299).

(c) Oprichtingsdatum : onbekend.

(d) Oorspronkelijke opstelling : onbekend.

(e) Opgravings- en heroprichtingskroniek :
De schandpaal stond opgesteld in een weide langs de Dender, niet ver van de hoofdstraat (alleszins tot 1941 : MAHY, p. 64). Thans is het restant van deze paal onder de grond verdwenen. Volgens dhr. Chr. Cannuyer uit Brugelette bevindt het zich nog steeds op dezelfde plaats. Een project van de gemeente om de paal 'herop te richten' ging niet door.

*C. Beschrijving en afmetingen*

Vermoedelijk van het zuiltype. Op een foto van dhr. Cannuyer lijkt het onderste stukje van de schacht in een zwaar cilindrisch blok te zitten. Dit zou erop kunnen wijzen dat de paal oorspronkelijk een cilindrische zuilkaak op ronde treden was.

(a) Bekroning : verdwenen.

(b) Schacht : verdwenen.

(c) Basis : groot cilindrisch blok (MAHY, p. 64).

*D. Specifieke bibliografie*

P. DE WIN, *Schandstraffen in België* (doct. diss.), dl. II-A, nr. 148 (H.20) (afb.) ; MAHY, *L'alleu de Bolignies à Brugelette*, in : „Annales du Cercle archéologigue d'Ath et de région", 27, 1941, p. 64.

*E. Inventaris* : niet gevonden ter plaatse.

*F. Foto's* : geen.

## ● H.21. BRUGELETTE

Deelgemeente : CAMBRON-CASTEAU.
Thans : prov. Henegouwen, arr. Aat.
Eertijds : graafschap Henegouwen.

BEWAARDE SCHANDPAAL VAN CAMBRON

Thans bewaard te **BRUSSEL**, Brussel (prov. Brabant, B.15) (zie aldaar).

CAMBRON : zie BRUGELETTE, Cambron-Casteau (H.21)
⇒ thans BRUSSEL, Brussel (prov. Brabant, B.15)

CARNIÈRES : zie MORLANWELZ, Carnières (H.81)
⇒ thans MORLANWELZ, Morlanwelz-Mariemont (H.82)

CASTEAU : zie SOIGNIES, Casteau (H.114)

## ⊗ H.22. CELLES-LEZ-TOURNAI (afb. 8)

Deelgemeente : CELLES-LEZ-TOURNAI.
Thans : prov. Henegouwen, arr. Doornik.
Eertijds : graafschap Henegouwen.

### VERDWENEN SCHANDPAAL VAN DE HEERLIJKHEID CELLES

Te Celles zijn er meerdere schandpalen te signaleren, wat niet verwonderlijk is gezien het grote aantal heerlijkheden op haar grondgebied (zie : H. HASQUIN e.a., *Gemeenten van België*, dl. III, p. 1665). In de 18de eeuw stonden er alleszins twee schandpalen op het dorpsplein. Één schandpaal is thans nog gedeeltelijk bewaard gebleven aan de grens met de gemeente Escanaffles. De bewaarde paal zou niet van de heerlijkheid Celles zelf zijn, maar van de heerlijkheid de la Haye (zie verder sub H.24).

De schandpaal van de heerlijkheid Celles stond in de 18de eeuw nabij de kerkhofmuur aan de koorzijde van de parochiekerk opgesteld, zo blijkt uit een 18de-eeuws plan van kerk en omgeving (BERGEN, A. É., C. & P., nr. 37). Deze „pilorie du seigneur de Celle St. Huerri" (volgens de legende bij de kaart, sub B) was van het zuiltype, voorzien van een halsijzer en bekroond met een wapenvaantje.

## ⊗ H.23. CELLES-LEZ-TOURNAI (afb. 8)

Deelgemeente : CELLES-LEZ-TOURNAI.
Thans : prov. Henegouwen, arr. Doornik.
Eertijds : graafschap Henegouwen.

### VERDWENEN SCHANDPAAL VAN DE HEERLIJKHEID CHATELET

De schandpaal van de heerlijkheid Chatelet (Chastelet of Grand-Chastelet) stond in de 19de eeuw op het dorpsplein aan de overzijde van de plaats waar de schandpaal van de heerlijkheid Celles stond opgesteld, d.w.z. waar de heerlijkheid Chatelet begon, zo blijkt uit een 18de-eeuws plan van kerk en omgeving (BERGEN, A. É., C. & P., nr. 37).

Deze „pilorie de la seigneurie du Chatelet" (volgens de legende bij de kaart, sub N) was van het zuiltype, voorzien van een halsijzer en bekroond met een wapenvaantje.

## ■ H.24. CELLES-LEZ-TOURNAI (afb. 9)

Deelgemeente : CELLES-LEZ-TOURNAI.
Thans : prov. Henegouwen, arr. Doornik.
Eertijds : graafschap Henegouwen.

### Bewaarde schandpaal te Celles

*A. Huidige opstelling*

De restanten staan op de grens van de gemeenten Celles en Escanaffles niet ver van de weg Celles-Avelgem en het voormalige station van Celles. De paal stond eertijds aan het einde van een dreef naar een kasteeltje, maar thans zijn de bomen verdwenen en staat hij eenzaam in het veld ongeveer 100 meter van de weg af.

*B. Herkomst en historisch overzicht*

(a) Waarschijnlijk afkomstig van de heerlijkheid de la Haye (volgens R.G., *Piloris*, in : „Jadis", 11, 1907, p. 69, die met klem beweert dat het zeker de schandpaal van de heerlijkheid Celles niet is). De heerlijkheid De la Haye was een leen van de heerlijkheid Leuze (R.G., p. 69).
Celles zelf was verdeeld in een groot aantal heerlijkheden, waaronder verschillende met alle graden van rechtsmacht (H. Hasquin e.a., *Gemeenten van België*, dl. III, p. 1665).

(b) Oprichter : onbekend.

(c) Oprichtingsdatum : onbekend (17de-18de eeuw?).

(d) Oorspronkelijke opstelling : onbekend.

(e) Opgravings- en heroprichtingskroniek :
De paal stond in 1907 opgesteld in de tuin van de toenmalige burgemeester van Celles, dhr. Moyart, die ook het halsijzer bewaarde (R.G., p. 69). We kunnen slechts veronderstellen dat de paal toen al op zijn huidige opstellingsplaats stond, zij het enigszins in een ander landschapsbeeld, nl. aan het einde van een dreef die naar een kasteel leidde. De dreef is thans verdwenen, waardoor de paal midden in het veld is terechtgekomen.

*C. Beschrijving en afmetingen*

Cilindrische zuilkaak (vierkante mengvorm ?). Hardsteen.
Globale hoogte (met basis) : ca. 3 meter.

(a) Bekroning : verdwenen.

(b) Schacht : een cilindrische, enigszins verjongende zuil. Hoogte : ca. 2,5 meter ; diameter : ca. 40 cm.
Een gat voor het halsijzer is op ongeveer 1,65 meter boven de basis zichtbaar. Het halsijzer zelf is thans verdwenen, maar zou in 1907 nog bewaard geweest zijn (R.G., p. 69).

(c) Basis : er zijn nog twee vierkante treden bewaard gebleven, zij het thans in verhakkelde staat.

*D. Specifieke bibliografie*

P. De Win, *Een aspect*, p. 108 nr. 57 ; Idem, *In het kader : de schandstrafinstrumenten*, p. 155 nr. 57 ; Idem, *Schandstraffen in België* (doct. diss.), dl. II-A, nr. 152 (H.24) (afb.) ; E. M[atthieu], *Piloris*, in : „Jadis", 11, 1907, p. 42 ; G. Meersseman, *Vorm en Betekenis*, p. 98 ; F. Moens, *Schandpalen*, p. 28 (afb.) en 29 ; F. Moens en P. De Win, *Hainaut*, p. 154 ; R.G., *Piloris*, in : „Jadis", 11, 1907, p. 69.

*E. Inventaris* : bezoek ter plaatse in 1982.

*F. Foto's* : P.D.W. 1982 ; A.C.L. A.26206 (1942).

### ⊗ H.25. CHARLEROI

Deelgemeente : Gilly.
Thans : prov. Henegouwen, arr. Charleroi.
Eertijds : graafschap Namen.

#### Verdwenen schandpaal van Gilly

De schandpaal of „carcan" van Gilly stond opgesteld op het dorpsplein nabij de kerk (O. Lambot en E. Close, *Gilly à travers les âges*, Court-Saint-Étienne, 1923-1925, dl. I, p. 131).

Hij bestond uit een stenen zuil, die voorzien was van een ring voor de bevestiging van het halsijzer en die bekroond was met de wapens van de (voogdij-)heer (O. Lambot en E. Close, *o.c.*, dl. I, p. 131 nt. 1).

Er is een veroordeling tot de schandpaal bekend uit 1514, toen een vrouw wegens diefstal werd veroordeeld tot twee uur tepronkstelling aan de kaak en 10 jaar verbanning (O. Lamot en E. Close, *o.c.*, dl. I, p. 131). Vermoedelijk ging het hier nog om een houten schandpaal en dateert de bovengenoemde stenen zuil slechts uit de 17de-18de eeuw.

Gilly was eigendom van de abdij van Lobbes en maakte deel uit van het graafschap Namen. Er waren vele betwistingen tussen de abten, die de grondheerlijkheid bezaten, en de voogdijheren, die alle rechtsmacht uitoefenden. Deze laatsten behoorden tot de families Rèves (1297), Rubempré (1498), Gand (1622) en Arenberg (1773) (zie H. Hasquin e.a., *Gemeenten van België*, dl. III, p. 1956-1957).

### ⊗ H.26. CHIÈVRES

Deelgemeente : Chièvres.
Thans : prov. Henegouwen, arr. Aat.
Eertijds : graafschap Henegouwen.

#### Verdwenen schandpaal van Chièvres

De schandpaal stond opgesteld op de markt van Chièvres nabij het stadhuis. Hij was voorzien van een ijzeren halsband en ketens en hij was bekroond met een vaas en het wapenvaantje van de heerlijkheid (L. Devillers, *Notice historique et archéologique de la ville de Chièvres*, in : „ACAM", 7, 1867, p. 174 ; cf. op de kaart van Jacob van Deventer, waar een schandpaal met wapenvaantje op de markt nabij het kasteel staat getekend : Jacques de Deventer, *Villes de la Belgique au* xvi*e* *siècle*, sub Chièvres, p. 2).

De schandpaal werd in 1664 vernieuwd en was dus hoogstwaarschijnlijk een houten exemplaar (L. Deviliers, *o.c.*, p. 174).

De heerlijkheid was met alle graden van rechtsmacht achtereenvolgens in handen van de families de Croij (1428), van Egmond (1683) en de Pignatelli (eind 18de eeuw) (H. Hasquin e.a., *Gemeenten van België*, dl. III, p. 1701-1703 ; M. Van Haudenard, *Histoire de la ville de Chièvres*, in : „Annales du Cercle archéologique d'Ath et de la région", 8, 1922, p. 52 en 9, 1923, p. 53-54 ; P. Bauwens, *Chièvres, «Bonne Ville» du Hainaut*, „Wallonie, Art et Histoire", XIV, Gembloers, 1972, p. 20 en 22 sqq.).

Nota : Volgens de A.C.L.-documentatie (E.4761) stond er nog een schandpaal te Chièvres onder de vorm van een *pierre de justice.* Ik liet me daardoor misleiden en nam hem op in mijn eerste lijst van bewaarde schandpalen (P. De Win, *Een aspect*, p. 108 nr. 58 ; Idem, *In het kader : de schandstrafinstrumenten*, p. 155 nr. 58). Later bleek het om een foto van de *pierre de justice* van Jupille-sur-Meuse (prov. Luik, Lui.8) te gaan...

### ■ (?) H.27. CHIMAY

Deelgemeente : Virelles.
Thans : prov. Henegouwen, arr. Thuin.
Eertijds : graafschap Henegouwen.

#### Bewaard (kaak-?) overblijfsel te Virelles

In de A.C.L.-documentatie (B.5645) wordt een restant van een basis op de noordelijke hoek van de kerkhofmuur aangeduid als een *pierre de justice* (afb. : P. De Win, *Schandstraffen in België* (doct. diss.), dl. II-A, nr. 155 (H.27)).

Het is m.i. slechts de basis van een graf- of kerkhofkruis, met zijn typische vorm : een vierkant grondplan, overgaand in een achthoekige structuur met bovenaan een inplantingsgat voor de schacht van het kruis.

Virelles was verdeeld tussen Virelles-graafschap, een leen van de graaf van Henegouwen, en Virelles-vorstendom, een leen van de heer van Chimay. Dit laatste deel was een heerlijkheid die zelf in onverdeeldheid werd gehouden door twee heren, nl. enerzijds de Croÿ-Arenbergs (17de-18de eeuw), anderzijds de families Boulers (14de-17de eeuw) en Jacquier (vanaf 1697) (H. Hasquin e.a., *Gemeenten van België*, dl. IV, p. 2991-2992 ; E. Braconnier, *Le village de Virelles*, in : „ACAM", 27, 1896-97, p. 329-366). Deze complexe situatie maakt het hoe dan ook onmogelijk om uit te maken tot welke heerlijkheid deze eventuele kaakrest behoord zou hebben.

### ⊗ H.28. COLFONTAINE

Deelgemeente : Warquignies.
Thans : prov. Henegouwen, arr. Bergen.
Eertijds : graafschap Henegouwen.

#### Verdwenen schandpaal van Warquignies

Op een dorpsgezicht van Warquignies omstreeks 1600 staat de schandpaal afgebeeld op het kruispunt van twee wegen midden in het dorp. Het is een eenvoudige houten paal (J.-M. Duvosquel (ed.), *Albums de Croÿ.* I. *Propriétés des Croÿ*, dl. I, Brussel, 1988, p. 197 en Pl. 62 ; vgl. J. Gilloteaux, *Histoire de Warquignies*, „Publications extraordinaires du Cercle d'Histoire et d'Archéologie de Saint-Ghislain et de la région", VI, Saint-Ghislain, 1988, p. 16-17 met afb.).

De heerlijkheid behoorde op dat ogenblik toe aan de familie de Lusy (J.-M. Duvosquel, *o.c.*, *l.c.* ; J. Gilloteaux, *o.c.*, p. 11 sqq. ; zie ook : H. Hasquin e.a., *Gemeenten van België*, dl. IV, p. 3035).

## ⊗ H.29. COMINES (KOMEN) (afb. 10)

Deelgemeente : COMINES (KOMEN).
Thans : prov. Henegouwen, arr. Moeskroen.
Eertijds : graafschap Vlaanderen.

### VERDWENEN SCHANDPAAL VAN KOMEN

Op een plan van de stad, getekend in 1786 door J.A. Lernould, staat er op de markt een schandpaal getekend (BRUSSEL, A.R.A., K. & P. in Hs., nr. 2432 ; afb. : J.-M. DUVOSQUEL, *Un document d'histoire rurale : le dénombrement de la seigneurie de Comines (1470)*, „Centre belge d'Histoire rurale", XXIX, Leuven-Gent, 1971, p. 80bis ; J.-M. DUVOSQUEL en C. LEMOINE-ISABEAU, *La région de Comines-Warneton. Sept siècles de documents cartographiques et iconographiques*, Brussel, 1980, p. 101, Pl. 76 ; J. NAZET, *La seigneurie de Comines au XV^e s.*, in : „HT", nr. 155, 1972, p. 193).

De schandpaal was van het zuiltype : op een vierkante trede verhief zich een verjongende zuil met kapiteel, bol en wapenvaantje.

De heerlijkheid Komen was op het einde van het Ancien Régime in handen van de families de Hénin-d'Alsace (1686), van Orléans (1706) en de Looze van Gent (1792-95) (H. HASQUIN e.a., *Gemeenten van België*, dl. III, p. 1721-1724). Het waren de heren van Komen die de hoge rechtsmacht aldaar bezaten, en niet de schepenen van de stad, zoals blijkt uit het charter van 1364 dat door de Franse koning Karel V werd bekrachtigd. Toch hebben de schepenen wel eens criminele sententiën uitgesproken, zoals blijkt uit de casus van Jean Ghesquière uit 1567, die wegens zijn ketterse sympathieën werd veroordeeld tot tepronkstelling aan de schandpaal, geseling en verbanning (zie : A. REMBRY, *Institutions de la ville et de la seigneurie de Comines 1250-1713*, Rijsel, 1937, p. 97-99 en 117-118 ; vgl. A. SCHOONHEERE, *Histoire du vieux Comines*, Rijsel, 1951, p. 56-58 ; L.-J. MESSIAEN, *Histoire chronologique, politique et religieuse des seigneurs et de la ville de Comines*, dl. II, Kortrijk, 1892, p. 43).

## ■ ? H.30. COURCELLES

Deelgemeente : GOUY-LEZ-PIÉTON.
Thans : prov. Henegouwen, arr. Charleroi.
Eertijds : hertogdom Brabant.

### SCHANDPAAL VAN GOUY-LEZ-PIÉTON

In 1895 was deze schandpaal alleszins nog bewaard gebleven. Hij werd toen vermeld als staande in een privé-tuin bij Doornik (DE R. DE D., *Les piloris*, in : „Annales de la Société d'Archéologie de Bruxelles", 9, 1895, p. 189 ; cf. V. MARTINY, *Le pilori de Braine-le-Château*, in : „Brabant (Fr.)", 11, 1959, nr. 10, p. 12, die deze schandpaal ook nog bij de bewaarde exemplaren rekende). Naspeuringen van onzentwege bleven zonder resultaat.

De schandpaal zou omstreeks 1825 gedemonteerd zijn en overgebracht naar het kasteel van Herchies, waar hij tot omstreeks 1870 in het park stond opgesteld. Vlak vóór de afbraak van dit kasteel werd hij opgekocht door een liefhebber van oudheden, die hem op zijn beurt doorverkocht. De paal kwam uiteindelijk in een privé-eigendom nabij de stad Doornik terecht (DE R. DE D., *o.c.*, p. 189), wellicht van de familie

Crombez. Deze belangrijke 19de-eeuwse familie bezat in het Doornikse immers verschillende kasteeldomeinen.

De schandpaal was toen nog integraal bewaard gebleven. Hij bestond uit een Ionische schacht met dito kapiteel, voorzien van een grote leeuwekop als halsijzerhouder. Het halsijzer en twee stukken keten bungelden nog uit de bek. Het geheel was bekroond met een leeuw als houder van een wapenschild. De schacht stond op een basis van drie of vier achthoekige treden. Deze paal van het zuiltype was opgetrokken in arduin (DE R. DE D., *o.c.*, p. 189). Gezien de stijl van deze schandpaal, die klassiek-Grieks geïnspireerd is, dateerde hij van het einde van de 18de eeuw.

De heerlijkheid Gouy-lez-Piéton was een leen van het hertogdom Brabant, dat op 26 augustus 1776 in handen kwam van Pieter-Ignatius-Jozef de Royer, raad en pensionaris van de stad Bergen. Vlak vóór de Franse inval kwam de heerlijkheid nog in handen van de markies de Trazegnies. Sedert 1626 was de hoge rechtsmacht er door de vorst verpand geworden (H. HASQUIN e.a., *Gemeenten van België*, dl. III, p. 1976-1977).

CUESMES : zie MONS, Cuesmes (H.69)

DESPRETS : zie BRAINE-LE-COMTE, Steenkerque (H.18)

*Doornik* : zie TOURNAI

*Dottenijs* : zie DOTTIGNIES

DOTTIGNIES : zie MOUSCRON/MOESKROEN, Dottignies (H.87)

## □ H.31. ÉCAUSSINNES (afb. 11-12)

Deelgemeente : ÉCAUSSINNES-D'ENGHIEN.
Thans : prov. Henegouwen, arr. Zinnik.
Eertijds : graafschap Henegouwen.

### BEWAARDE SCHANDPAAL VAN NOIRCHAIN

*A. Huidige opstelling*

In het park van het 'Château de La Follie' te Écaussinnes-d'Enghien. Privé-bezit.

*B. Herkomst en historisch overzicht*

(a) Afkomstig van de heerlijkheid NOIRCHAIN (cf. brief vanwege de eigenaar, graaf Charles-Albert de Lichtervelde, d.d. 17 mei 1982 ; cf. MOENS en DE WIN, p. 154 ; JOUS, p. 49 ; HEIRWEGH en MAT-HASQUIN, p. 142).

(b) Opgericht door Sébastien-Charles-Joseph, baron de la Barre de Flandre, heer van Vieux-Mesnil en Noirchain (bij erfenis van zijn vader, Charles-Trophée, gestorven op 1 december 1788) (zie ook : A. NACHTERGAEL, *Les fiefs de Hoves*, Hombeek, 1955, p. 26), ridder in de Orde van St.-Steven van Toskanië (verleend in 1786) (†te Écaussinnes-d'Enghien op 12 december 1838 en aldaar in de St.-Remigiuskerk begraven ; zijn grafsteen bestaat nog steeds) (HEIRWEGH en MAT-HASQUIN, p. 107 en 112 ; Ch. POPLIMONT, *La Belgique héraldique*, dl. I, p. 330-333 ; F.-V. GOETHALS, *Dictionnaire généalogique et héraldique des familles nobles du royaume de Belgique*, Brussel, 1849-1852, dl. I, p. 148).

(c) Oprichtingsdatum : omstreeks 1788-89, waarschijnlijk na Noirchain te hebben geërfd.

(d) Oorspronkelijke opstelling : vermoedelijk niet ver van het kasteel te Noirchain af.

(e) Opgravings- en heroprichtingskroniek :
Door de oprichter zelf werd de schandpaal in 1807 overgebracht naar zijn nieuw verworven kasteel 'La Follie' te Écaussinnes-d'Enghien, nadat hij Noirchain had verkocht (Heirwegh en Mat-Hasquin, p. 134-135 en p. 142 nt. 155 ; zie ook : graaf G. de Lichtervelde, *Traditions d'un Vieux Château. Notice historique sur La Follie à Écaussinnes-d'Enghien*, Zinnik, 1914, p. 60).

*C. Beschrijving en afmetingen*

Speciale zuilkaak : ingesnoerde cilindrisch-achthoekige mengvorm op sokkel. Arduin.
Globale hoogte : ca. 3,5 meter.

(a) Bekroning : een uit bladeren oprijzende geschubde bol.
Hoogte : ca. 50 cm.

(b) Schacht : op een vierkante sokkel verheft zich een verjongende zuil, waarvan de voet en het onderste derde achthoekig zijn en de rest cilindrisch. De zuil mondt uit in een breed, cilindrisch kapiteel, onderaan versierd met driehoekige hangers.
Hoogte : ca. 3 meter.
Bovenaan het achthoekige deel van de schacht prijkt een soort duivelsmasker of faunekop in halfreliëf als halsijzerhouder. De ijzeren bevestigingsring in de mond alsmede het halsijzer zelf zijn verdwenen.
Bovenaan de schacht, vlak onder het kapiteel, is het wapen van de oprichter, omhangen met de orde-insignia van St.-Steven van Toskanië, in halfreliëf aangebracht. Het wapen van de familie de la Barre de Flandre is : in keel een rechterschuinbalk van vair. Het is met de rangkroon van baron gedekt. Erboven is nog de thans moeilijk leesbare wapenspreuk „Tout Pour l'Honneur" aangebracht (cf. J.-B. Rietstap, *Armorial général*, dl. I, p. 120 en ill. Rolland, dl. I, Pl. CXXX).

(c) Basis : verloren gegaan. Vermoedelijk oorspronkelijk één trede (cf. de andere schandpaalontwerpen, bewaard te Écaussinnes-d'Enghien, Château de La Follie, Fonds de la Barre de Flandre, „plans de pilori").

*D. Specifieke bibliografie*

J. Bataille en Ph. Seydoux, *Châteaux et manoirs du Hainaut*, z.pl.n.j. [1979], p. 68 ; M. Cheyns-Condé, *Métamorphose d'une forteresse médiévale. Le château de La Follie à Écaussinnes d'Enghien*, Leuven, 1976, p. 26 ; P. De Win, *Een aspect*, p. 99 nt. 133 en p. 108 nr. 59 ; Idem, *In het kader : de schandstrafinstrumenten*, p. 145 nt. 7 en p. 155 nr. 59 ; Idem, *Schandstraffen in België* (doct. diss.), dl. II-A, nr. 159 (H.31) (afb.) ; Idem, *Schandstraffen in het wereldlijk strafrecht*, p. 122, 171-172 ; Idem, *Kaakstraf in België*, p. 35 nt. 63 ; J.-J. Heirwegh en M. Mat-Hasquin, *Itinéraire intellectuel et gestion économique d'un noble hennuyer : Sébastien Charles de la Barre (1753-1838)*, in : „Études sur le xviii^e siècle", 9, 1982, p. 93-207 ; L. Jous, *Piloris de chez nous*, in : „Le Val Vert", 3, 1973, p. 48-49 ; G. Lemaigre, *Le château de La Follie à Écaussinnes-*

*d'Enghien*, in : „HT", nr. 147, 1971, p. 123 (afb.) ; R. MARTENS, *De streek van de Bovenzenne, het Zenneke en de Samme*, in : „De Toerist", 1959, p. 585-587 ; F. MOENS en P. DE WIN, *Hainaut*, p. 154 ; J. VAN OVERSTRAETEN, *Gids voor Wallonië en het groothertogdom*, Antwerpen, 1958, p. 119 ; X. [DE] G[HELLINCK D'ELSEGHEM] V[AERNEWYCK], *Pilori armorié en Belgique*, in : „Le Parchemin", 9, 1962, p. 11.

*E. Inventaris* : bezoeken ter plaatse in 1982 en 1984.

*F. Foto's* : P.D.W. 1982 en 1984 ; A.C.L. B.10320 (1949).

## ⊗ H.32. ÉCAUSSINNES

Deelgemeente : ÉCAUSSINNES-LALAING.
Thans : prov. Henegouwen, arr. Zinnik.
Eertijds : graafschap Henegouwen.

### VERDWENEN SCHANDPAAL VAN ÉCAUSSINNES-LALAING

Tot 1792 stond er alleszins nog een schandpaal aldaar, zoals blijkt uit een akte, waarbij een hypotheek werd genomen op een huis tegenover de schandpaal om een fundatie van een jaarlijkse zielmis te kunnen bekostigen (L. JOUS, *Piloris de chez nous*, in : „Le Val Vert", 3, 1973, p. 49 ; IDEM, *Obits et fondations pieuses de la paroisse Sainte-Aldegonde à Écaussinnes-Lalaing*, in : „ACAS", 26, 1970-71, p. 142).

Thans herinneren de *Place du Pilori*, de *Rue du Pilori* en restaurant 'Le Pilori' nog aan het vroegere bestaan van deze schandpaal. De paal zou evenwel niet op de *Place du Pilori* hebben gestaan, maar wel tegenover het politiebureau, ongeveer op de plaats waar thans het oorlogsgedenkteken staat (L. JOUS, *Piloris de chez nous*, *o.c.*, p. 49). Dat er van deze schandpaal nog restanten in het museum van Zinnik bewaard zouden zijn (zoals o.m. beweerd wordt in „Le Parchemin", 10, 1963, p. 198, en in het gidsje voor het kasteel van Écaussinnes-Lalaing, p. 1) is een kwakkel (cf. L. JOUS, *Piloris de chez nous*, *o.c.*, p. 49-50 ; cf. onze briefwisseling met dhr. Bavay, conservator van het *Musée du Vieux-Cimetière* te Zinnik, d.d. 19 augustus 1984).

De heren hadden er de drie graden van rechtsmacht. De laatste geslachten waren de Croÿ (tot 1624) en vander Burch (1624-1858) (H. HASQUIN e.a., *Gemeenten van België*, dl. III, p. 1798-1800 ; E. PUISSANT, *Les Écaussinnes*, Bergen, 1928).

ÉCAUSSINNES-LALAING : zie ÉCAUSSINNES, Écaussinnes-Lalaing (H.32)

EDINGEN : zie ENGHIEN

## ■ H.33. ELLEZELLES (Elzele) (afb. 13)

Deelgemeente : ELLEZELLES.
Thans : prov. Henegouwen, arr. Aat.
Eertijds : graafschap Henegouwen.

### BEWAARDE SCHANDPAAL VAN ELZELE

*A. Huidige opstelling*

Naast de kerk aan de N.W.-kant (koorzijde) aan de *Rue d'Audenaerde*.

*B. Herkomst en historisch overzicht*

(a) Afkomstig van de heerlijkheid ELZELE.

(b) Vermoedelijk opgericht door één van de laatste heren. De voogdij van Elzele werd door de abdij van Ronse in 1280 verkocht aan de graven van Vlaanderen. In de 15de eeuw was de heerlijkheid in handen van de families de La Hamaide en van Dottinghem, om vervolgens over te gaan in deze van Willem van Roggendorf, heer van Condé (1526), de familie de Granvelle (1549) en de la Baume (tot 1630), graaf Jan van Nassau-Dillenburg-Siegen (1630) en ten slotte Jan-Filips-Eugeen graaf van Merode en markies van Westerlo (†1732) en diens nazaten (H. HASQUIN e.a., *Gemeenten van België*, dl. III, p. 1802-1804).

(c) Oprichtingsdatum : waarschijnlijk 18de-eeuws.

(d) Oorspronkelijke opstelling : op de 'Plaats' tegenover het huis van Desmottes, baljuw van Lessen (DEGAND, *Essai*, p. 124).

(e) Opgravings- en heroprichtingskroniek :
Volgens DEGAND werd de paal door Franse soldaten in november 1798 omvergetrokken (DEGAND, *Essai*, p. 124 ; IDEM, *La commune*, p. 20).
De paal werd later teruggevonden en heropgericht (alleszins na 1900).

*C. Beschrijving en afmetingen*

Achthoekige zuilkaak. Arduin.
Hoogte zonder basis : ca. 2 meter.

(a) Bekroning : verdwenen.

(b) Schacht : een achthoekige, verjongende zuil met profilering onderaan. Hoogte : ca. 2 meter ; diameter : ca. 40 à 45 cm.
Langs de voor- en achterzijde prijkt een leeuwekop in halfreliëf met in de bek een gat waar eertijds de bevestigingsring voor het halsijzer was aangebracht.

(c) Basis : verdwenen. De zuil staat in een recent gegoten, massief, kubusvormig blok.

*D. Specifieke bibliografie*

E. DEGAND, *Essai historique sur la commune d'Ellezelles pendant l'Ancien Régime*, Flobecq, z.j., p. 124-125 ; IDEM, *La commune d'Ellezelles sous la domination française 1792-1814*, Ronse, 1891, p. 20 ; J. DELMELLE, *Ellezelles, où le passé s'intègre au présent !*, in : „HT", nr. 237, 1986, p. 134 ; P. DE WIN, *Een aspect*, p. 108 nr. 60 ; IDEM, *In het kader : de schandstrafinstrumenten*, p. 155 nr. 60 ; IDEM, *Schandstraffen in België* (doct. diss.), dl. II-A, nr. 161 (H.33) (afb.) ; IDEM, *Kaakstraf in België*, p. 33 ; F. MOENS en P. DE WIN, *Hainaut*, p. 154 ; *Le Patrimoine monumental de la Belgique. Wallonie*, dl. XIII-2, Luik, 1988, p. 640 (en Pl. 904) ; P. SMETS (ed.), *Grote Geïllustreerde Gids België en GH. Luxemburg*, Tielt, 1994, p. 151-152.

*E. Inventaris* : bezoeken ter plaatse in 1982, 1983 en 1985.

*F. Foto's* : P.D.W. 1982 en 1985.

## ■ H.34. ENGHIEN (EDINGEN) (afb. 14)

Deelgemeente : EDINGEN (EDINGEN).
Thans : prov. Henegouwen, arr. Zinnik.
Eertijds : graafschap Henegouwen.

**Bewaarde schandpaal van Edingen**

*A. Huidige opstelling*

In het kasteelpark van Edingen op de top van de z.g. *Mont Parnasse* (Delannoy, *Piloris Arenberg*, p. 402 ; Matthieu, *Histoire*, dl. I, p. 187).

*B. Herkomst en historisch overzicht*

(a) Afkomstig van de heerlijkheid Edingen.

(b) Opgericht door de hertog van Arenberg, die op 7 juli 1777 aan Joseph Durieux, meester-steenhouwer te Zinnik, 26 pistolen betaalde voor de levering van de schandpaal, terwijl de meester-metser Nicolas Poullart de basis maakte (Delannoy, *Piloris Arenberg*, p. 401).
Reeds tevoren was er sprake van een schandpaal te Edingen, zij het dan wel een houten paal van het zuiltype, bekroond met een vaantje met het wapen van de hertogen van Arenberg. Deze houten paal werd in 1740-43 vernieuwd en herschilderd (Delannoy, *Piloris Arenberg*, p. 401). Mogelijk is het tekentje op de markt op het plan van Jacob van Deventer een aanduiding van de schandpaal (zie Jacques de Deventer, *Villes de la Belgique au* xvi[e] *siècle*, sub *Enghien*).

(c) Oprichtingsdatum : 1777 (Delannoy, *Piloris Arenberg*, p. 401).

(d) Oorspronkelijke opstelling : op de markt tegenover het stadhuis (op de *Grand' Place*) (Matthieu, *Histoire*, dl. I, p. 187 ; Delannoy, *Piloris Arenberg*, p. 401).

(e) Opgravings- en heroprichtingskroniek :
Tijdens de Franse Tijd bleef de paal op de *Grand' Place* staan, voorzien van een inscriptie op de sokkel, nl. „paix aux amis du peuple" (Delannoy, *Piloris Arenberg*, p. 402). In 1811 werd de schandpaal op bevel van Louis-Engelbert, 6de hertog van Arenberg, door Michel André met grote moeite en kosten overgebracht naar zijn huidige plaats. Er werd een 14-tal dagen aan gewerkt en de kosten bedroegen meer dan 100 francs (Delannoy, *Piloris Arenberg*, p. 402-403 ; Matthieu, *Histoire*, dl. I, p. 187).

*C. Beschrijving en afmetingen*

Zuilkaak in Ionische stijl. Arduin (van Zinnik : Delannoy, *Piloris Arenberg*, p. 401).
Globale hoogte : ca. 8,5 meter.

(a) Bekroning : een classicistische kratervaas, versierd met faunekoppen die guirlandes in de mond houden en op deze wijze met elkaar zijn verbonden.
Hoogte : ca. 1 meter.

(b) Schacht : op een hoge, balkvormige sokkel (hoogte : 2 meter ; breedte : 80 cm) verheft zich een Ionische zuil (hoogte : 5,10 meter) met een dito kapiteel.
Globale hoogte van de schacht : 7,10 meter.

(c) Basis : drie grote vierkante treden.

*D. Specifieke bibliografie*

J. Bataille en Ph. Seydoux, *Châteaux et manoirs du Hainaut*, z.pl.n.j. [1979], p. 72 ; Y. Delannoy, *Piloris Arenberg*, p. 397-403 (afb.) ; Y. Delannoy, *Enghien*, Bergen, 1976[2], p. 49 (afb.) ; P. De Win, *Een aspect*, p. 103 nt. 171 en p, 108 nr. 61 ; Idem, *In het kader : de schandstrafinstrumenten*, p. 155 nr. 61 ; Idem,

*Schandstraffen in België* (doct. diss.), dl. II-A, nr. 162 (H.34) (afb.) ; IDEM, *Schandstraffen in het wereldlijk strafrecht*, p. 109, 110, 121, 122 en 125 ; IDEM, *Kaakstraf in België*, p. 34 nt. 56 ; IDEM, *Schandpalen Edingen*, p. 218-222 (afb. 7) en p. 257 (tek.) ; P. DE WIN, F. MOENS en J. THIRON, *De schandpaal op de Grote Markt te Beveren*, in : „d'Euzie", 3, 1984, p. 92-94 ; P. DE WIN en J. THIRON, *Enkele De Lateur-schandpalen in het Land van Waas*, in : „Annalen van de Koninklijke Oudheidkundige Kring van het Land van Waas", 88, 1985, p. 229 ; [...], *Les piloris*, in : „Annales de la Société d'Archéologie de Bruxelles", 8, 1894, p. 376 ; E. MATTHIEU, *Histoire de la ville d'Enghien*, Edingen-Bergen, 1877-1878, dl. I, p. 187 ; E. M[ATTHIEU], *Piloris*, in : „Jadis", 2, 1898, p. 110 ; G. MEERSSEMAN, *Vorm en Betekenis*, p. 100 ; F. MOENS, *Schandpalen*, p. 276 ; F. MOENS en P. DE WIN, *Hainaut*, p. 154 ; E. J. SOIL DE MORIAMÉ, *Inventaire Mons. I. Arr. Soignies*, p. 94 nr. 665.

*E. Inventaris* : bezoek ter plaatse in 1986.

*F. Foto's* : P.D.W. 1986 ; A.C.L. A.78798 (1945).

## ⊗ H.35. ENGHIEN (EDINGEN)

Deelgemeente : MARCQ (Mark).
Thans : prov. Henegouwen, arr. Zinnik.
Eertijds : graafschap Henegouwen.

### VERDWENEN SCHANDPAAL VAN MARK

In 1748 werd een nieuwe schandpaal in hout vervaardigd door meester-timmerman André Boulenger ter vervanging van een ouder, verrot exemplaar. Het vaantje met het wapen van de hertog van Arenberg werd herschilderd (BRUSSEL, A.R.A., Fonds Arenberg, reg. anno 1748, nr. 9989, f° 129 ; cf. Y. DELANNOY, *Piloris Arenberg*, p. 403-404).

De schandpaal stond opgesteld op het dorpsplein van Mark.

In tegenstelling tot andere Arenberg-schandpalen in de omgeving blijkt uit de rekeningen niet dat er een overgang van hout naar steen werd gemaakt (zie : Y. DELANNOY, *o.c.*).

De heerlijkheid Mark behoorde met alle rechtsmacht op het einde van het Ancien Régime toe aan de hertogen van Arenberg als heren van het Land van Edingen (H. HASQUIN e.a., *Gemeenten van België*, dl. IV, p. 2349).

## ■ H.36. ENGHIEN (EDINGEN) (afb. 15)

Deelgemeente : PETIT-ENGHIEN (Lettelingen).
Thans : prov. Henegouwen, arr. Zinnik.
Eertijds : graafschap Henegouwen.

### BEWAARDE SCHANDPAALREST VAN LETTELINGEN

*A. Huidige opstelling*

In de voortuin van de voormalige pastorie (Plaats/*Place*, nr. 7) dient een stuk omgekeerd geplaatste schacht als voetstuk voor een H. Hartbeeld (cf. GODET, p. 56). Het restant is privé-bezit.

*B. Herkomst en historisch overzicht*

(a) Afkomstig van de heerlijkheid LETTELINGEN.

(b) Opgericht door Louis-Engelbert hertog van Arenberg, heer van het Land van Edingen en Lettelingen (GODET, p. 56 ; DELANNOY, *Piloris Arenberg*, p. 403). De paal werd in 1779 vervaardigd door meester-steenhouwer Joseph Durieux uit Zinnik (GODET, p. 56 ; DELANNOY, *Piloris Arenberg*, p. 403).
Voordien stond er een houten schandpaal : vóór 1737 was dit een houten paal met een ijzeren vaantje in top. In mei 1737 werd een nieuwe paal vervaardigd door meester-timmerman Joseph Ost uit een boom die door Martin De Corte werd gekapt. De ijzeren wapenvaan werd hersteld door meester-smid J. B. Pletincx en in augustus 1740 door de weduwe Roosenbergh geschilderd (GODET, p. 56 ; DELANNOY, *Piloris Arenberg*, p. 403).

(c) Oprichtingsdatum : 1779 (cf. BRUSSEL, A.R.A., Fonds Arenberg, rek. anno 1779, nr. 4, f° 121 ; cf. GODET, p. 56 ; DELANNOY, *Piloris Arenberg*, p. 403).

(d) Oorspronkelijke opstelling : op het dorpsplein (cf. GODET, p. 55-56, die naar een zinsnede uit een cartularium van 1758 verwijst).

(e) Opgravings- en heroprichtingskroniek :
De paal werd vermoedelijk in 1792 tijdens de eerste Franse inval verwijderd en een stuk werd vervolgens door de pastoor in de 19de eeuw gerecupereerd (GODET, p. 56).

*C. Beschrijving en afmetingen*

Achthoekige zuilkaak. Arduin.

(a) Bekroning : verdwenen.

(b) Schacht : een deel van een achthoekige schacht met profilering aan de voet steekt boven de grond uit om als console voor een H. Hartbeeld te dienen. De zuil steekt omgekeerd in de grond (ongeveer 95 cm boven de grond ; diameter : ca. 40 cm).

(c) Basis : verdwenen.

*D. Specifieke bibliografie*

Y. DELANNOY, *Piloris Arenberg*, p. 403 ; IDEM, *Autour d'un pilori ou les droits de haute justice des seigneurs de Warelles*, in : „ACAE", 14, 1964, p. 5-28 ; P. DE WIN, *Een aspect*, p. 155 nr. 62 ; IDEM, *In het kader : de schandstrafinstrumenten*, p. 108 nr. 62 ; IDEM, *Schandstraffen in België* (doct. diss.), dl. II-A, nr. 164 (H.36) (afb.) ; IDEM, *Schandpalen Edingen*, p. 232-235 (afb. 12) ; J. GODET, *Jadis à Petit-Enghien ou prospection dans le passé de ce village*, Brussel, 1967, p. 54-61 ; F. MOENS en P. DE WIN, *Hainaut*, p. 156 ; H. TEMPERMAN, *Piloris Enghien*, p. 34.

*E. Inventaris* : bezoeken ter plaatse in 1982 en 1993.

*F. Foto's* : P.D.W. 1982 en 1993.

### ⊗ H.37. ENGHIEN (EDINGEN)

Deelgemeente : PETIT-ENGHIEN (Lettelingen).
Thans : prov. Henegouwen, arr. Zinnik.
Eertijds : graafschap Henegouwen.

### Verdwenen schandpaal van de heerlijkheid Warelles te Lettelingen

De schandpaal van de heerlijkheid bestond op het einde van de 18de eeuw uit een vierkante, gecanneleerde zuil van ongeveer 5 meter hoog, bekroond met een soort vaas en staande op een ca. 2 meter hoge sokkel. Op de schacht waren de wapens van de familie d'Yve, heren van Warelles, aangebracht (wellicht met hun devies „Sans Boir Suis Yve").

Deze schandpaal stond opgesteld aan de *Chemin Vert* in het *Champ du Pilori* nabij het bos van Warelles. Van dit bos was er een aangrenzend gedeelte zelfs *Bois du pilori* geheten (C. Monnier, *Le combat de Steenkerque, 3 août 1692*, in : „ACAE", 2, 1883-86, p. 18 ; J. Godet, *Warelles au fil des temps*, in : „ACAE", 11, 1959, p. 277-278 ; [...], *Piloris*, in : „Jadis", 11, 1907, p. 53). Hij stond dus niet ver af van het kasteel van Warelles. Naast de schandpaal stond een vrij grote kapel, gewijd aan St.-Jozef. Schandpaal en kapel werden tussen 1840 en 1850 afgebroken en de stenen werden verkocht (in 1859?). In 1887 waren de funderingen van de schandpaal ter plaatse nog zichtbaar (zie : J. Godet, *o.c.*, p. 277-279 ; Idem, *Jadis à Petit-Enghien ou prospection dans le passé de ce village*, Brussel, 1967, p. 56-57 ; H. Temperman, *Piloris Enghien*, p. 34).

In 1741-1742 vond er een proces plaats tussen de hertog van Arenberg als heer van Edingen en Lettelingen enerzijds en de heer van Warelles, m.n. barones-douairière d'Yve d'Ostiche en haar zoon, anderzijds omtrent het planten van een schandpaal te Lettelingen. De heer van Warelles had als teken van zijn hoge rechtsmacht een eikehouten schandpaal met zijn wapens laten plaatsen tegenover de kerk van Lettelingen op een stuk land dat afhing van de heerlijkheid Warelles. De hertog van Arenberg vond dit een aantasting van zijn rechtsmacht over Lettelingen en liet de schandpaal afbreken. De heer van Warelles spande daarop een proces in tegen de hertog van Arenberg bij de Raad van Henegouwen. Omdat de heer van Warelles er uiteindelijk niet in slaagde voldoende bewijzen te vinden dat hij ook de hoge rechtsmacht bezat over zijn binnen de heerlijkheid Lettelingen gelegen lenen, haalde de hertog van Arenberg zijn slag thuis. De schandpaal bleef afgebroken (zie Y. Delannoy, *Autour d'un pilori ou des droits de haute justice des seigneurs de Warelles*, in : „ACAE", 14, 1964, p. 5-28 ; J. Godet, *Jadis à Petit-Enghien, o.c.*, p. 57-61, die m.i. ten onrechte beweert dat de betwiste schandpaal achteraf toch werd teruggeplaatst).

*Elzele* : zie Ellezelles

**Épinois** : zie Binche, Épinois (H.7)

**Estaimbourg** : zie Estaimpuis, Estaimbourg (H.38)

## ⊗ H.38. ESTAIMPUIS

Deelgemeente : Estaimbourg.
Thans : prov. Henegouwen, arr. Doornik.
Eertijds : Doornikse.

### Verdwenen schandpaal van Estaimbourg

In 1886 werden de resten van een schandpaal nog te Estaimbourg opgemerkt (E. M[atthieu], *Piloris*, in : „Jadis", 11, 1907, p. 70).

De hoofdheerlijkheid was vanaf 1715 tot 1806 in handen van de familie de Villegas (H. Hasquin e.a., *Gemeenten van België*, dl. III, p. 1832).

## ■ H.39. ESTINNES (afb. 16)

Deelgemeente : Rouveroy.
Thans : prov. Henegouwen, arr. Thuin.
Eertijds : graafschap Henegouwen.

**Bewaarde schandpaal van Rouveroy**

*A. Huidige opstelling*

In het kasteeldomein van Bousies (graaf de Bousies) aan de *Rue Roi Albert I* (baan Bergen-Beaumont-Chimay). De schandpaal staat in een weide achter de boerderij en bevindt zich in een zeer verwaarloosde staat.

*B. Herkomst en historisch overzicht*

(a) Afkomstig van de heerlijkheid Rouveroy.
(b) Opgericht door de familie de Bousies, die via huwelijk met de erfdochter Margareta de Bryart vanaf 1575 tot aan de Franse Tijd de heerlijkheid met alle rechtsmacht in handen hield (H. Hasquin e.a., *Gemeenten van België*, dl. IV, p. 2704).
(c) Oprichtingsdatum : vermoedelijk 18de-eeuws.
(d) Oorspronkelijke opstelling : waarschijnlijk op het dorpsplein.
(e) Opgravings- en heroprichtingskroniek :
Vermoedelijk werd de paal in de 19de eeuw overgebracht naar het kasteeldomein en omgebouwd tot een soort regen- of zonnescherm.

*C. Beschrijving en afmetingen*

Getrapte achthoekige zuilkaak. Arduin.
Hoogte : ca. 3,5 meter.

(a) Bekroning : verloren gegaan. Thans bedekt met een gehavend metalen regen- of zonnescherm.
(b) Schacht : verjongende, achthoekige zuil, bestaande uit drie trappen : één met profilering onderaan, een dubbel zo lang stuk in het midden en een lang stuk bovenaan.
Er is een gat voor het bevestigingsringetje van het halsijzer.
Globale hoogte : ca. 3 meter.
(c) Basis : drie vierkante treden, met een globale hoogte van 40 à 50 cm. Vermoedelijk zijn ze niet origineel.

*D. Specifieke bibliografie*

P. De Win, *Een aspect*, p. 108 nr. 63 ; Idem, *In het kader : de schandstraf-instrumenten*, p. 155 nr. 63 ; Idem, *Schandstraffen in België* (doct. diss.), dl. II-A, nr. 167 (H.39) (afb.) ; F. Moens, *Schandpalen*, p. 29 ; F. Moens en P. De Win, *Hainaut*, p. 156 ; J. Van Overstraeten, *Gids voor Wallonië en het groothertogdom*, Antwerpen, 1958, p. 362.

*E. Inventaris* : bezoek ter plaatse in 1982.

*F. Foto's* : P.D.W. 1982 ; A.C.L. A.91984 (1945).

■ (?) **H.40. ESTINNES** (afb. 17)

Deelgemeente : VELLEREILLE-LE-SEC.
Thans : prov. Henegouwen, arr. Thuin.
Eertijds : graafschap Henegouwen.

**BEWAARDE (KAAK-?)REST VAN VELLEREILLE-LE-SEC**

*A. Huidige opstelling*

Ingemetst in de kerkhofmuur, *Rue de l'Église*, tegenover de kasteelingang (nr. 2). Wegens de plaats (in de muur ingemetst ca. 2 meter boven de grond) en de vorm zou het m.i. de bekroning van een gevelkaak kunnen zijn (cf. DE WIN, *Een aspect*, p. 100 nt. 151 ; IDEM, *In het kader*, 145 ; MOENS en DE WIN, p. 156 ; vgl. GOSSERIES, p. 268, die de mening is toegedaan dat deze steen eertijds de gevel van het kasteel sierde, een loutere veronderstelling evenwel).

*B. Herkomst en historisch overzicht*

(a) Afkomstig van de heerlijkheid VELLEREILLE-LE-SEC.

(b) Opgericht, volgens de afgebeelde wapens, door André-Joseph-Théodore Tahon, heer van Vellereille-le-Sec, Haine-Saint-Pierre en La Motte, licentiaat in de Rechten (†29 juli 1755), en zijn echtgenote, Marie-Thérèse-Maximilienne de Biseau (†12 april 1798) (GOSSERIES, p. 267).
De familie de Tahon de La Motte hield de heerlijkheid met alle rechtsmacht in leen van de graaf van Henegouwen (H. HASQUIN e.a., *Gemeenten van België*, dl. IV, p. 2943).

(c) Oprichtingsdatum : 1747 (volgens jaartal op de steen).

(d) Oorspronkelijke opstelling : m.i. op zijn huidige plaats (vgl. GOSSERIES, p. 268, die meent dat de steen in de gevel van het kasteel was aangebracht).

(e) Opgravings- en heroprichtingskroniek :
Mogelijk verdwenen de (houten?) schacht en het opstapje in de Franse Tijd of in de loop van de 19de eeuw.
Volgens GOSSERIES, p. 268, was de steen waarschijnlijk eertijds in de gevel van het kasteel aangebracht, langs de tuinkant zelfs, om na vele omzwervingen op zijn huidige plaats terecht te komen (alleszins vóór 1895).

*C. Beschrijving en afmetingen*

M.i. een halfzuilkaak of gevelkaak, waarvan thans enkel de stenen bekroning nog bewaard is gebleven, terwijl schacht en (wegneembaar?) opstapje zijn verdwenen.

(a) Bekroning : Een steen in de vorm van een omgekeerd gelijkbenig trapezium waarop twee ovalen wapens getopt met een gekroonde helm zijn aangebracht. Als helmteken fungeert de kop en hals van een hert. Daarboven is het jaartal „1747" aangebracht. Het (heraldisch) rechtse wapen is gevierendeeld : 1 en 4 van goud met de kop en hals van een hert van natuurlijke kleur, 2 en 3 van zilver met een pelikaan met zijn jongen op een heuvel, geheel van goud (= Tahon de La Motte). Het (heraldisch) linkse wapen voert in azuur een keper van goud vergezeld van drie klaverbladen van zilver (= Biseau) (GOSSERIES, p. 267 ; J.-B. RIETSTAP, *Armorial général*, resp. dl. II, p. 879 en dl. I, p. 207 met ill. ROLLAND, resp. dl. IV, Pl. II en dl. I, Pl. CCXIX).

Afmetingen : hoogte : 49 cm, bovenkant : 47 cm, onderkant : 31 cm ; geplaatst ca. 2 meter boven de grond, ingemetst in de muur.

(b) Schacht : thans verdwenen ; mogelijk oorspronkelijk in hout.

(c) Basis : thans verdwenen ; mogelijk een opstapje (houten schavotje?).

*D. Specifieke bibliografie*

P. DE WIN, *Een aspect*, p. 100 nt. 151 en p. 108 nr. 64 ; IDEM, *In het kader : de schandstrafinstrumenten*, p. 145 en p. 155 nr. 64 ; IDEM, *Schandstraffen in België* (doct. diss.), dl. II-A, nr. 168 (H.40) (afb.) ; IDEM, *De wapensteen in Vellereille-le-Sec*, in : „Het Volk", d.d. 10 mei 1991 (afb.) ; A. GOSSERIES, *Note sur une pierre armoriée existant à Vellereille-le-Sec*, in : „ACAM", 24, 1892-95, p. 266-268 (afb.) ; F. MOENS en P. DE WIN, *Hainaut*, p. 156 ; *Le Patrimoine monumental de la Belgique. Wallonie*, dl. X-1, Luik, 1983, p. 418.

*E. Inventaris* : bezoek ter plaatse in 1982.

*F. Foto's* : P.D.W. 1982.

**FAYT-LE-FRANC** : zie HONNELLES, Fayt-le-Franc (H.49)

**FAYT-LEZ-MANAGE** : zie MANAGE, Fayt-lez-Manage (H.66)

**FÉLIGNIES** : zie SOIGNIES, Neufvilles (H.116)

**FELUY** : zie SENEFFE, Feluy (H.104)

**FLIÉMET** alias du TEMPLE : zie FRAMERIES, Frameries (H.43)

## ⊗ H.41. FONTAINE-L'ÉVÊQUE

Deelgemeente : FONTAINE-L'ÉVÊQUE.
Thans : prov. Henegouwen, arr. Charleroi.
Eertijds : graafschap Henegouwen.

### VERDWENEN SCHANDPAAL VAN FONTAINE-L'ÉVÊQUE

Het was een soort Luiker 'perron', gekopieerd trouwens op het 'perron' van Luik. Het droeg de inscriptie „S.P.Q.F." (= Senatus PopulusQue Fontensis). Dit 'perron' werd vermeld in 1747 en waarschijnlijk gebruikt als schandpaal. Er werden aan of nabij dit monumentje alleszins overspelige vrouwen en vrouwen van lichte zeden te pronk gesteld (A.-G. DEMANET, *Recherches historiques sur la ville et la seigneurie de Fontaine-l'Évêque*, heruitg. Brussel, 1975, dl. I, p. 238).

Fontaine-l'Évêque was een ingewikkeld grensdorp tussen het graafschap Henegouwen en het prinsbisdom Luik. Alhoewel de heren van Fontaine-l'Évêque hun grond verhieven van de graven van Henegouwen, pasten de schepenen van de stad de wet van Luik toe (gesymboliseerd door het z.g. 'perron') (H. HASQUIN e.a., *Gemeenten van België*, dl. III, p. 1890-1893).

**FOREST** : zie FRASNES-LEZ-ANVAING, Forest (H.46)

⊗ **H.42. FRAMERIES** (afb. 18)

Deelgemeente : FRAMERIES.
Thans : prov. Henegouwen, arr. Bergen.
Eertijds : graafschap Henegouwen.

**VERDWENEN SCHANDPAAL VAN FRAMERIES**

Er stond alleszins een schandpaal opgericht op het dorpsplein van Frameries. Op een plan van 1700, getekend door Charles Lannoy (BERGEN, A. É., C. & P., nr. 1050) staat de schandpaal afgebeeld. Het was toen een paal van het zuiltype op een massieve cilindrische voet.

Op 13 september 1720 werd deze schandpaal vervangen door een andere, die op zijn beurt in 1734 werd vernieuwd. Vermoedelijk gaat het steeds om houten palen met een cilindrische schacht, voorzien van een bol of eikel als bekroning (informatie verstrekt door dhr. Marcel Mahieu, Frameries, evenwel zonder bronvermelding).

Op twee verschillende plannen uit 1785 staat de schandpaal getekend als volgt : op een tweetal treden verheft zich een (cilindrische of piramidale?) zuil, die bekroond wordt door een wapenvaantje. Deze schandpaal was waarschijnlijk in steen opgetrokken en werd afgebroken in de Franse Tijd (informatie verstrekt door dhr. Marcel Mahieu, Frameries, evenwel zonder bronvermelding).

De heerlijkheid Frameries behoorde toe aan de graven van Henegouwen tot 1772, toen Maria-Theresia de heerlijkheid met alle rechtsmacht verkocht aan Niklaas-Boudewijn de Grouff d'Erkelens, heer van Warquignies (H. HASQUIN e.a., *Gemeenten van België*, dl. III, p. 1912-1913).

⊗ **H.43. FRAMERIES** (afb. 19-20)

Deelgemeente : FRAMERIES.
Thans : prov. Henegouwen, arr. Bergen.
Eertijds : graafschap Henegouwen.

**BEWAARDE SCHANDPAAL VAN DE HEERLIJKHEID FLIÉMET OF VAN DE TEMPEL**

*A. Huidige opstelling*

De paal staat nabij de ingang van de oude 'Ferme du Temple', gelegen aan de weg van Frameries naar Genly in de buurt van de spoorweg (MOENS en DE WIN, p. 155).

*B. Herkomst en historisch overzicht*

(a) Afkomstig van de heerlijkheid Fliémet alias van de Tempel (of *du Temple*) te Frameries. De schandpaal deed tevens dienst voor de heerlijkheden te Sars-la-Bruyère die afhankelijk waren van de Commanderie van de Orde van Malta (alias de Orde van St.-Jan van Jeruzalem) te Piéton (DEVILLERS, p. 63-65 ; HEUPGEN, p. 472 ; HARVENGT, p. 112 ; BERNIER, p. 232-233 ; GOSSERIES, p. 131).

(b) Oprichter was Jean-André-Hercule de Rosset de Fleury (MOENS en DE WIN, p. 155 ; HEUPGEN, p. 472) als commandeur van de Orde van Malta te Piéton, die rechtsmacht uitoefende over o.m. de bossen van Sars-la-Bruyère en de Tempelhoeve (alias de heerlijkheid Fliémet), eertijds onder Genly vallend, maar thans op het grondgebied van de gemeente Frameries gelegen (zie HARVENGT, p. 112-113 ; DEVILLERS, p. 63-65).

(c) Oprichtingsdatum : 1767 (DEVILLERS, p. 64 ; HEUPGEN, p. 472 ; BERNIER, p. 233 ; HARVENGT, p. 112 ; MOENS en DE WIN, p. 155 ; DELMELLE, p. 13). Zie ook : FRAMERIES, Sars-la-Bruyère (H.45) en MONS, Saint-Symphorien (H.80).

(d) Oorspronkelijke opstelling : nabij de huidige standplaats, zij het aan de weg. Eertijds was daar een kruispunt van vier wegen (HARVENGT, p. 112).

(e) Opgravings- en heroprichtingskroniek :
Na in de Franse Tijd te zijn omvergeworpen, werd de paal in de 19de eeuw op zijn huidige plaats heropgericht, zij het omgekeerd, om te dienen als voetstuk voor een plaasteren beeld (alleszins vóór 1920 : HEUPGEN, p. 472).

*C. Beschrijving en afmetingen*

Balkvormige zuilkaak. Arduin (cf. HARVENGT, p. 112).

(a) Bekroning : de oorspronkelijke bekroning is verdwenen. Zij bestond uit een wapenvaantje met de wapens van de Orde van Malta en van de commandeur-oprichter (HEUPGEN, p. 472 ; HARVENGT, p. 112). Thans prijkt in plaats daarvan een verweerd beeld in plaaster (van O.-L.-Vrouw, volgens HEUPGEN, p. 472, van een kanunnikes van Sainte-Waudru, volgens PIÉRARD, p. 200, of van Sainte-Waudru zelf?). Het beeld is ca. 1 meter hoog.

(b) Schacht : balkvormige zuil met lijstwerk, uitlopend bovenaan in een vierkant kapiteel. De zuil zelf staat op zijn kop, zoals blijkt uit de leeuwekop in halfreliëf midden op de zuil aan de voorzijde. In de leeuwebek zat vroeger de bevestigingsring voor het halsijzer.
Hoogte : ca. 3,5 meter ; breedte en diepte : 40 cm.

(c) Basis : verdwenen.

*D. Specifieke bibliografie*

Th. BERNIER, *Notice sur le village de Sars-la-Bruyère*, in : „ACAM", 8, 1869, p. 232-233 ; J. DELMELLE, *Les fermes anciennes du Hainaut*, Bergen, 1981, p. 13 ; L. DEVILLERS, *Cartulaire des possessions de l'Ordre de Saint-Jean-de-Jérusalem dans le Hainaut et le Cambrésis*, in : „ACAM", 6, 1865, p. 64-65 ; P. DE WIN, *Een aspect*, p. 98 nt. 131, p. 103 nt. 171 en p. 108 nr. 65 ; IDEM, *In het kader : de schandstrafinstrumenten*, p. 144 nt. 5 en p. 155 nr. 65 ; IDEM, *Schandstraffen in België* (doct. diss.), dl. II-A, nr. 171 (H.43) (afb.) ; IDEM, *Schandstraffen in het wereldlijk strafrecht*, p. 106 en 171 ; A. GOSSERIES, *Monographie de la commune de Sars-la-Bruyère*, Bergen, 1919, p. 131 ; R. HARVENGT, *Genly, mon village en Hainaut*, Frameries, 1959, p. 112 ; P. HEUPGEN, *Ballades judiciaires*, p. 472 ; „Jadis", 3, 1900, p. 43 ; 11, 1907, p. 53 en 70 ; F. MOENS en P. DE WIN, *Hainaut*, p. 154 (afb.) en 155 ; J. PIÉRARD, *La Ferme du Temple à Frameries*, in : „HT", nr. 131, 1968, p. 200 (afb.) ; IDEM, *Frameries a mille ans*, in : „HT", nr. 151, 1972, p. 41.

*E. Inventaris* : bezoek ter plaatse 1982.

*F. Foto's* : P.D.W. 1982.

## ● H.44. FRAMERIES

Deelgemeente : NOIRCHAIN.
Thans : prov. Henegouwen, arr. Bergen.
Eertijds : graafschap Henegouwen.

### BEWAARDE SCHANDPAAL VAN NOIRCHAIN

Thans bewaard te ÉCAUSSINNES, Écaussinnes-d'Enghien (H.31) (zie aldaar).

## ● H.45. FRAMERIES

Deelgemeente : SARS-LA-BRUYÈRE.
Thans : prov. Henegouwen, arr. Bergen.
Eertijds : graafschap Henegouwen.

### BEWAARDE SCHANDPAAL VAN DE ORDE VAN MALTA TE SARS-LA-BRUYÈRE

De Orde van Malta (alias de Orde van St.-Jan van Jeruzalem) had te Sars-la-Bruyère heel wat bezittingen, waaronder het *Bois du Temple*. De commandeur te Piéton oefende hierover alle graden van rechtsmacht uit. De schandpaal die in 1767 door commandeur Jean-André-Hercule de Rosset de Fleury werd opgericht, is thans nog gedeeltelijk bewaard gebleven te FRAMERIES (zie aldaar sub H.43). Deze paal deed nl. tegelijk dienst als symbool van de rechtsmacht van de Orde over haar bezittingen te Sars-la-Bruyère en over de 'Ferme du Temple' (alias 'Ferme du Fliémet') te Frameries (eertijds onder Genly gelegen) (cf. L. DEVILLERS, *Cartulaire des possessions de l'Ordre de Saint-Jean-de-Jérusalem dans le Hainaut et le Cambrésis*, in : „ACAM", 6, 1865, p. 63-65 ; A. GOSSERIES, *Monographie de la commune de Sars-la-Bruyère*, Bergen, 1919, p. 131).

## ⊗ H.46. FRASNES-LEZ-ANVAING

Deelgemeente : FOREST.
Thans : prov. Henegouwen, arr. Aat.
Eertijds : graafschap Henegouwen.

### VERDWENEN SCHANDPAAL VAN FOREST

Er is sprake van een schandpaal te Forest (L. VERRIEST, *Régime seigneurial*, p. 336-337 nt. 7). Deze schandpaal verdween hoogstwaarschijnlijk in de Franse Tijd.

Het is vermoedelijk de schandpaal van de heerlijkheid Forest, die in de 15de eeuw toebehoorde aan de graaf de Faucquemberghe en de baron de Ligne om vervolgens in handen te komen van de families de Harchies en de Roisin (H. HASQUIN e.a., *Gemeenten van België*, dl. III, p. 1899).

**GHOY** : zie LESSINES, Ghoy (H.59)

**GILLY** : zie CHARLEROI, Gilly (H.25)

**GIVRY** : zie QUÉVY, Givry (H.94)

**GONDREGNIES** : zie SILLY, Gondregnies (H.106)

GOUY-LEZ-PIÉTON : zie COURCELLES, Gouy-lez-Piéton (H.30)

GRANDMETZ : zie LEUZE-EN-HAINAUT, Grandmetz (H.62)

GRATY : zie SILLY, Graty (H.107)

HAINE-SAINT-PIERRE : zie LA LOUVIÈRE, Haine-Saint-Pierre (H.52)
⇒ bewaard te MANAGE, Fayt-lez-Manage (H.67)

HAVAY : zie QUÉVY, Havay (H.95)

HENRIPONT : zie BRAINE-LE-COMTE, Henripont (H.14)

## ⊗ H.47. HENSIES

Deelgemeente : HENSIES.
Thans : prov. Henegouwen, arr. Bergen.
Eertijds : graafschap Henegouwen.

### VERDWENEN SCHANDPAAL VAN HENSIES

Er werd te Hensies, evenals te Baisieux en te Quiévrain, een schandpaal opgericht door de heer van Quiévrain, die er alle graden van rechtsmacht bezat.

Deze schandpaal verdween vermoedelijk in de Franse Tijd, toen ook deze van Quiévrain werd afgebroken (in 1792) (zie : E. M[ATTHIEU], *Piloris*, in : „Jadis", 11, 1907, p. 70 ; Th. BERNIER, *Quiévrain. Étude de géographie et d'histoire locales suivie de la chronologie des seigneurs de ce village*, Angre-Bergen, 1886, p. 17-18 ; zie ook : H. HASQUIN e.a., *Gemeenten van België*, dl. III, p. 2064-2065).

## ⊗ H.48. HONNELLES

Deelgemeente : ANGRE.
Thans : prov. Henegouwen, arr. Bergen.
Eertijds : graafschap Henegouwen.

### VERDWENEN SCHANDPAAL VAN ANGRE

Er stond een schandpaal in het dorp, symbool van de hoge rechtsmacht van de hoofdheerlijkheid, met zijn kasteel 'Loquetière'. In 1557 bekwam Nicolas Pouille, slotenmaker te Bergen, van de baljuw van Angre, Nicolas Moreau, vier pond voor de twee halsijzers, twee sloten en de ijzeren kettingen die hij aan de schandpalen van Roisin en Angre had bevestigd (Th. BERNIER, *Recherches sur le village d'Angre*, in : „ACAM", 12, 1975, p. 485 ; cf. E. M[ATTHIEU], *Piloris*, in : „Jadis", 11, 1907, p. 42).

De heerlijkheid was in 1557 in handen van de familie de Roisin, heren en baronnen van Roisin (zie : Th. BERNIER, *o.c.*, p. 498 sqq.). In de 17de eeuw was zij in het bezit van de familie de la Tramerie en in de 18de eeuw van de familie van Sint-Aldegonde (H. HASQUIN e.a., *Gemeenten van België*, dl. III, p. 1430-1431).

## ⊗ H.49. HONNELLES

Deelgemeente : FAYT-LE-FRANC.
Thans : prov. Henegouwen, arr. Bergen.
Eertijds : graafschap Henegouwen.

**Verdwenen schandpaal van Fayt-le-Franc**

Op de stafkaart Roisin-Erquennes (51/1-2) staat aldaar een plaatsaanduiding *Au Pilori* aangegeven. De schandpaal zelf is evenwel verdwenen.

Mogelijk gaat het om de schandpaal van de voornaamste heerlijkheid, die vanaf 1551 door ruil in handen kwam van de abdij van Saint-Ghislain, in wiens bezit ze vervolgens bleef tot aan de Franse Tijd. Er waren evenwel nog tal van andere heerlijkheden te Fayt-le-Franc (zie H. Hasquin e.a., *Gemeenten van België*, dl. III, p. 1860-1861).

## ⊗ H.50. HONNELLES

Deelgemeente : Roisin.
Thans : prov. Henegouwen, arr. Bergen.
Eertijds : graafschap Henegouwen.

**Verdwenen schandpaal van Roisin**

Er stond in 1557 alleszins een schandpaal in het dorp van Roisin, getuige het feit dat Nicolas Pouille, een slotenmaker uit Bergen, in dat jaar van de baljuw van Angre, Nicolas Moreau, vier pond kreeg voor het aanbrengen van twee halsijzers, twee sloten en de ijzeren kettingen aan de schandpalen van Roisin en Angre (Th. Bernier, *Recherches sur le village d'Angre*, in : „ACAM", 12, 1875, p. 485 ; E. M[atthieu], *Piloris*, in : „Jadis", 11, 1907, p. 42).

De heerlijkheid behoorde in 1557 met alle rechtsmacht aan de familie de Roisin, heren en baronnen van Roisin (zie : Th. Bernier, *o.c.*, p. 498 sqq.). In de 17de eeuw kwam zij door huwelijk in het bezit van de familie de la Tramerie en in de 18de eeuw was zij in handen van de familie van Sint-Aldegonde (zie : H. Hasquin e.a., *Gemeenten van België*, dl. IV, p. 2689-2690).

**Horrues** : zie Soignies, Horrues (H.115)

**Houdeng** : zie La Louvière, Houdeng (-Aimeries en -Goegnies) (H.53)

*Hove* : zie Hoves

**Hoves** : zie Silly, Hoves (H.109)

**Hyon** : zie Mons, Mons-Hyon (H.76)

*Jurbeke* : zie Jurbise

## ⊗ H.51. JURBISE (Jurbeke)

Deelgemeente : Jurbise.
Thans : prov. Henegouwen, arr. Bergen.
Eertijds : graafschap Henegouwen.

**Verdwenen schandpaal te Jurbeke**

Toen het O.-L.-Vrouwkapittel van Kamerijk in 1732 een schandpaal wilde oprichten nabij de kerk van Jurbeke, waar het een kleine heerlijkheid met alle rechtsmacht bezat, deed de toenmalige heer van Jurbeke, Procope-Marie graaf van Egmond en baron van Lens, het kapittel een proces aan, omdat hij als hogerechtsmachthouder van Jurbeke meende als enige het recht te hebben om er jurisdictiesymbolen te planten. Het proces werd ingeleid bij de Raad van Henegouwen op 16 december 1732 en uitspraak werd gedaan op 14 november 1737. De Raad sprak zich uit in het voordeel van de graaf van Egmond, omdat het kapittel geen rechten kon laten gelden op het stukje land waar het de schandpaal wou oprichten, al bezat het te Jurbeke wel degelijk een heerlijkheidje met alle rechtsmacht, maar deze heerlijkheid strekte zich niet uit tot het dorpsplein of tot de wegen (proces eertijds bewaard te BERGEN, A.É., Conseil souverain de Hainaut, proces nr. 23285, vernietigd in 1940 ; zie thans enkel nog de beknopte samenvatting in : A. GOSSERIES, *Les seigneuries de la Grande-Mairie, de Rumigny, d'Aubechies et du chapitre de Notre-Dame de Cambrai à Jurbise*, in : „ACAM", 29, 1900, p. 16-24 ; L. VERRIEST, *Régime seigneurial*, p. 335-336 nt. 7).

**KOMEN** : zie COMINES

## ● H.52. LA LOUVIÈRE

Deelgemeente : HAINE-SAINT-PIERRE.
Thans : prov. Henegouwen, arr. Zinnik.
Eertijds : graafschap Henegouwen.

**BEWAARDE SCHANDPAAL VAN HAINE-SAINT-PIERRE**

Thans bewaard te **MANAGE**, Fayt-lez-Manage (H.67) (zie aldaar).

## ⊗ H.53. LA LOUVIÈRE

Deelgemeente : HOUDENG (-AIMERIES en -GOEGNIES).
Thans : prov. Henegouwen, arr. Zinnik.
Eertijds : graafschap Henegouwen.

**VERDWENEN SCHANDPAAL VAN HOUDENG**

De schandpaal stond nabij het dorpsplein van Houdeng-Aimeries en voerde de wapens van de graven van Roeulx, die aldaar en in Houdeng-Goegnies uitgestrekte bezittingen hadden. Hij werd vernield in de Franse Tijd (1794) (E. M[ATTHIEU], *Piloris*, in : „Jadis", 11, 1907, p. 70 ; Th. LEJEUNE, *Recherches historiques sur Le Rœulx*, in : „ACAM", 22, 1890, p. 310 ; zie ook : H. HASQUIN e.a., *Gemeenten van België*, dl. III, p. 2105-2108 ; J. MONOYER, *Essai historique sur les anciens villages de Houdeng, Goegnies et Strépy etc.*, Bergen, 1871, p. 30).

Houdeng, dat verdeeld was in Houdeng-Aimeries en Houdeng-Goegnies, behoorde in feite grotendeels tot het Land van Le Rœulx. De heerlijkheid Houdeng-Aimeries omvatte evenwel ook de hoge rechtsmacht, wat aanleiding gaf tot eindeloze betwistingen tussen de bezitters van dit goed en de heren van Le Rœulx uit het huis de Croÿ (1432-1796). Om hun rechten te affirmeren hebben de graven van Rœulx er blijkbaar aan gehouden hun schandpaal nabij het dorpsplein en de kerk van Houdeng-Aimeries te plaatsen (zie : Th. LEJEUNE, *o.c.*, p. 314 sqq. ; H. HASQUIN e.a., *o.c.*, dl. III, p. 2105-2108).

Resten van de schandpaal waren nog tot omstreeks 1870 bewaard gebleven (J. MONOYER, *o.c.*, p. 30), maar zijn thans niet meer terug te vinden.

### □ H.54. LA LOUVIÈRE (afb. 21)

Deelgemeente : LA LOUVIÈRE.
Thans : prov. Henegouwen, arr. Zinnik.
Eertijds : graafschap Henegouwen.

**BEWAARDE SCHANDPAAL VAN OPZULLIK (I)**

*A. Huidige opstelling*

In de tuin van Dr. med. Jean Chalmagne, *Rue Hamoir* nr. 84 te La Louvière. De paal is privé-bezit.

*B. Herkomst en historisch overzicht*

(a) Afkomstig van de heerlijkheid OPZULLIK.
De paal zou één van de schandpalen zijn die eertijds in het 'Hôtel Cakembergh' bewaard werden (cf. bevestigd door de huidige eigenaar d.d. 20 februari 1982 en door erenotaris René Binot d.d. 6 september 1963) (cf. DE WIN, *Een aspect*, p. 94 nt. 93 ; MOENS en DE WIN, p. 155).

(b) Waarschijnlijk opgericht door de familie de Ligne, die de heerlijkheid omstreeks 1750 verkreeg van de familie de Trazegnies en haar behield tot het einde van het Ancien Régime (H. HASQUIN e.a., *Gemeenten van België*, dl. IV, p. 2793-2794).

(c) Oprichtingsdatum : 1762 (vermeld bovenaan op de schacht).

(d) Oorspronkelijke opstelling : ofwel op het dorpsplein, ofwel nabij het *Bois de Ligne* en de *Hameau de Mauvinage*, alwaar eertijds een schandpaal stond. De schandpaal te La Louvière is vermoedelijk de paal die op deze laatste plaats stond (zie ook : MONNIER, p. 171 ; MELISE, p. 113).

(e) Opgravings- en heroprichtingskroniek :
Deze schandpaal was eertijds als monument beschermd (SOIL DE MORIAMÉ, p. 170) en stond tot 1922 in de tuin van het Hôtel de Ligne alias Paternostre alias Cakembergh (genoemd naar de opeenvolgende eigenaars) op het dorpsplein van Opzullik. Dit huis werd in 1922 aan de gemeente verkocht (zie : MELISE, p. 176-177 ; BRUWIER, p. 168).
Vermoedelijk was de paal samen met een andere schandpaal van de heerlijkheid na de Franse Tijd overgebracht naar het pand, dat aan de laatste heren van Opzullik toebehoorde.
De ene paal kwam toen in handen van de schoonouders van Dr. med. Chalmagne en kwam uiteindelijk op zijn huidige plaats terecht (DE WIN, *Een aspect*, p. 94 nt. 93). De paal was alleszins reeds in 1922 verplaatst (SOIL DE MORIAMÉ, p. 170). Voor de andere paal zie sub SILLY, Silly (H.112).

*C. Beschrijving en afmetingen*

Zeshoekige zuilkaak. Arduin (MELISE, p. 176 : „pierre de Soignies").

Globale hoogte (zonder bekroning dus) : ca. 3,5 meter (vgl. MELISE, p. 176-177 : ca. 3 meter).

(a) Bekroning : verdwenen.

(b) Schacht : een fijne, zeshoekige zuil met profilering onderaan, uitlopend in een getrapt zeshoekig kapiteel bovenaan (vgl. MELISE, p. 176-177 : vijfhoekig).
De halsijzerhouder in het midden van de zuil is verminkt en lijkt op een faunekop, maar zou ook een leeuwekop kunnen zijn (vgl. MELISE, p. 176-177 : leeuwekop).
Bovenaan aan de voorzijde, vlak onder het kapiteel, is het jaartal „1762" uitgekapt.
Hoogte : ca. 3 meter.

(c) Basis : twee treden, waarvan de bovenste zeshoekige trede vermoedelijk origineel is.

*D. Specifieke bibliografie*

M. C. BRUWIER, *Aspects d'un village hennuyer : Silly*, in : „Annales du Cercle royal d'Histoire et d'Archéologie d'Ath et de la Region et Musées athois", 44, 1976-77, p. 168 (de tekening slaat evenwel op de andere paal : zie H.110) ; P. DE WIN, *Een aspect*, p. 94 nt. 93 en p. 108 nr. 66 ; IDEM, *In het kader : de schandstrafinstrumenten*, p. 141 en p. 155 nr. 66 ; IDEM, *Schandstraffen in België* (doct. diss.), dl. II-A, nr. 183 (H.54) (afb.) ; IDEM, *Schandpalen Edingen*, p. 239-241 (afb. 14) ; L. MELISE, *Histoire de la commune de Silly*, Bergen, 1900, p. 113 en 176-177 ; F. MOENS en P. DE WIN, *Hainaut*, p. 155 (afb.) ; C. MONNIER, *Histoire de l'abbaye de Cambron*, in : „ACAM", 17, 1884, p. 171 ; E. J. SOIL DE MORIAMÉ, *Inventaire Mons. I. Arr. Soignies*, p. 170.

*E. Inventaris* : bezoeken ter plaatse in 1982 en 1993.

*F. Foto's* : P.D.W. 1982 en 1993.

## ■ H.55. LENS (afb. 22)

Deelgemeente : LOMBISE.
Thans : prov. Henegouwen, arr. Bergen.
Eertijds : graafschap Henegouwen.

### BEWAARDE SCHANDPAAL VAN LOMBISE

*A. Huidige opstelling*

In het kasteelpark van Lombise, ongeveer 100 meter van de weg af naast de vijver (privé-bezit).

*B. Herkomst en historisch overzicht*

(a) Afkomstig van de heerlijkheid LOMBISE.

(b) Opgericht door de familie de Thiennes, die de heerlijkheid met alle rechtsmacht vanaf de 14de eeuw grotendeels in handen had (H. HASQUIN e.a., *Gemeenten van België*, dl. IV, p. 2290-2291 ; C. MONNIER, *Notice sur Lombise*, in : „ACAM", 10, 1871, p. 400-436 en 9, 1869, p. 84-85).
Charles-Ignace-Philippe de Thiennes (1758-1839) was licentiaat in beide rechten en zeer gehecht aan de oude tradities. Hij was de laatste heer van Lombise onder

het Ancien Régime (leenverhef in 1784) en vermoedelijke oprichter van de schandpaal (biografische schets in : C. Monnier, *o.c.*, p. 423-428).

(c) Oprichtingsdatum : hoogstwaarschijnlijk in de 18de eeuw en vermoedelijk zelfs op het einde van de 18de eeuw (omstreeks 1784-92).

(d) Oorspronkelijke opstelling : waarschijnlijk op het dorpsplein.

(e) Opgravings- en heroprichtingskroniek :
De paal werd vermoedelijk in de Franse Tijd omvergeworpen en van zijn bekroning ontdaan, waarna hij in de loop van de 19de eeuw naar het kasteelpark verhuisde.

*C. Beschrijving en afmetingen*

Getrapte achthoekige zuilkaak. Arduin.
Globale hoogte : ca. 4 meter.

(a) Bekroning : verdwenen.

(b) Schacht : een verjongende achthoekige zuil met twee snel opeenvolgende insprongen onderaan. Langs de voorzijde : een leeuwekop, die veel gelijkenis vertoont met een gebaarde mensenhoofd, als halsijzerhouder (op ca. 1,60 meter boven de trede). Het halsijzer zelf is verdwenen.

(c) Basis : één achthoekige trede, die waarschijnlijk origineel is.

*D. Specifieke bibliografie*

P. De Win, *Een aspect*, p. 98 nt. 131 en p. 108 nr. 67 ; Idem, *In het kader : de schandstrafinstrumenten*, p. 144 nt. 5 en p. 155 nr. 67 ; Idem, *Schandstraffen in België* (doct. diss.), dl. II-A, nr. 184 (H.55) (afb.) ; F. Moens en P. De Win, *Hainaut*, p. 155.

*E. Inventaris* : bezoeken ter plaatse in 1983 en 1986.

*F. Foto's* : P.D.W. 1986.

### ⊗ H.56. LE RŒULX

Deelgemeente : Le Rœulx.
Thans : prov. Henegouwen, arr. Zinnik.
Eertijds : graafschap Henegouwen.

#### Verdwenen schandpaal van Le Rœulx

Er wordt melding gemaakt van het bestaan van een thans verdwenen schandpaal te Le Rœulx (Th. Lejeune, *Recherches historiques sur Le Rœulx*, in : „ACAM", 22, 1890, p. 147).

De heerlijkheid behoorde vanaf 1432 tot aan de Franse Tijd toe aan de familie de Croÿ, die er alle graden van rechtsmacht bezat (H. Hasquin e.a., *Gemeenten van België*, dl. III, p. 2227-2228).

*Lessen* : zie Lessines

*Lessenbos* : zie Bois-de-Lessines

## ■ H.57. LESSINES (Lessen) (afb. 23)

Deelgemeente : Bois-de-Lessines (Lessenbos).
Thans : prov. Henegouwen, arr. Zinnik.
Eertijds : graafschap Henegouwen.

**Bewaarde kaakrest van Lessenbos**

*A. Huidige opstelling*

In de tuin van 'Château d'Yve', m.n. in de toegangsdreef (cf. Deltand, p. 132).

*B. Herkomst en historisch overzicht*

(a) Afkomstig van de heerlijkheid Lessenbos.
(b) Waarschijnlijk opgericht door de familie d'Yve, nadat zij in 1760 via naastingsrecht in het bezit van de heerlijkheid was gekomen (zie : Deltand, p. 72 sqq.).
(c) Oprichtingsdatum : waarschijnlijk in de 18de eeuw.
(d) Oorspronkelijke opstelling : waarschijnlijk op het dorpsplein.
(e) Opgravings- en heroprichtingskroniek :
De paal werd vermoedelijk in de Franse Tijd verwoest, waarna het restant in de 19de eeuw naar het kasteeldomein werd overgebracht.

*C. Beschrijving en afmetingen*

Zuilkaak, vermoedelijk achthoekig. Arduin.
Slechts de sokkel bleef bewaard.

(a) Bekroning : verdwenen.
(b) Schacht : verdwenen. Vermoedelijk was het een achthoekige, verjongende en getrapte zuil.
(c) Basis : enkel de sokkel bleef bewaard. Deze sokkel is een zwaar blok met vierkant gat bovenaan, voor de inplanting van de schacht, en een achthoekig grondplan. Het blok is evenwel voor 1/3 afgesneden, zodat een enigszins vlakke achterkant werd verkregen (mogelijk om het blok met de zuil tegen een muur te kunnen plaatsen).

*D. Specifieke bibliografie*

R. Deltand, *Géographie et histoire de Bois-de-Lessines*, in : „Annales du Cercle archéologique d'Ath et de la région", 18, 1932, p. 132 ; P. De Win, *Een aspect*, p. 108 nr. 68 ; Idem, *In het kader : de schandstrafinstrumenten*, p. 155 nr. 68 ; Idem, *Schandstraffen in België* (doct. diss.), dl. II-A, nr. 186 (H.57) (afb.) ; F. Moens en P. De Win, *Hainaut*, p. 156.

*E. Inventaris* : bezoek ter plaatse in 1982.

*F. Foto's* : P.D.W. 1982.

## ⊗ H.58. LESSINES (Lessen)

Deelgemeente : Deux-Acren (Twee-Akren).
Thans : prov. Henegouwen, arr. Zinnik.
Eertijds : graafschap Henegouwen.

### Verdwenen schandpaal van Twee-Akren

Er bestond een gewoonte te Twee-Akren dat dode-handsgoederen dienden verkocht te worden op de Plaats aan de voet van de „carcan" (of schandpaal) (o.m. in 1710 : L. Verriest, *Régime seigneurial*, p. 335 nt. 7). De executies in strafzaken werden evenwel uitgevoerd op de grens van de gemeenten Akren en Overboelare op de plaats „estaque" geheten, wat ongetwijfeld verwijst naar een soort staak of paal (V. J. Guignies, *Notice historique sur la commune de Deux-Acren*, in : „ACAE", 2, 1883-86, p. 455).

Twee-Akren bestond vóór 1804 uit twee verschillende heerlijkheden, m.n. Grand-Acren (Acren-Saint-Martin) en Petit-Acren (Acren-Saint-Géréon), elk met een eigen parochiekerk en schepenbank (H. Hasquin e.a., *Gemeenten van België*, dl. III, p. 1767-1768).

## ⊗ **H.59. LESSINES** (Lessen)

Deelgemeente : Ghoy.
Thans : prov. Henegouwen, arr. Zinnik.
Eertijds : graafschap Henegouwen.

### Verdwenen schandpaal van Ghoy

In 1748 werd op het dorpsplein de verrotte en omvergevallen schandpaal vervangen door een nieuwe, eveneens in hout. Het werk werd uitgevoerd door André Boulenger, meester-timmerman, in opdracht van de heer van de heerlijkheid, de hertog van Arenberg, die de paal liet bekronen met een vaantje met zijn wapen (Brussel, A.R.A., Fonds Arenberg, reg. anno 1748, nr. 9989, f° 120 ; Y. Delannoy, *Piloris Arenberg*, p. 403-404).

De heerlijkheid en het dorp Ghoy behoorden tot het Land van Edingen, dat met alle rechtsmacht in de 18de eeuw in het bezit was van de hertogen van Arenberg (Y. Delannoy, *o.c.*, p. 397-399 ; H. Hasquin e.a., *Gemeenten van België*, dl. III, p. 1954-1955).

## ■ **H.60. LESSINES** (Lessen) (afb. 24)

Deelgemeente : Lessines.
Thans : prov. Henegouwen, arr. Zinnik.
Eertijds : graafschap Henegouwen.

### Bewaarde schandpaal van Lessen

*A. Huidige opstelling*

Op het kerkhof van Lessen, geplaatst boven de erecrypte ter herdenking van de slachtoffers van W.O.I.

*B. Herkomst en historisch overzicht*

(a) Afkomstig van de heerlijkheid Lessen.
(b) Wellicht opgericht door de schepenen van de stad, zoals afgeleid zou kunnen worden uit het afgebeelde wapen van de vrijheid.

In 1648 werd Lessen evenwel met alle rechtsmacht door de graaf van Henegouwen doorverkocht aan het Huis van Lotharingen en in 1759 was de heerlijkheid in het bezit van Marie-Louise de Rohan-Soubise (H. Hasquin e.a., *Gemeenten van België*, dl. III, p. 2233 sqq. ; Guignies, p. 40-44).

De paal is dan ook vermoedelijk onder het bewind van deze laatste opgericht.

(c) Oprichtingsdatum : gezien de stijl, in de 2de helft van de 18de eeuw.

(d) Oorspronkelijke opstelling : op de *Grand' Place* (Soil de Moriamé, p. 18 nr. 88) tegenover het stadhuis (of *Maison de Ville*) (Guignies, p. 119).

(e) Opgravings- en heroprichtingskroniek :

De paal deed tot 1848 dienst als straatlantaarn (Guignies, p. 119) en stond daarna nog tot 1895 op de markt (nog afgebeeld op een gravure van het stadhuis uit omstreeks 1830 in Lesneucq-Jouret ; cf. Caulille, p. 384). Daarna diende het monument plaats te maken voor een kiosk. Het werd heropgericht op het kerkhof, maar ook daar stond het blijkbaar in de weg, want enige tijd later werd het afgebroken en in verschillende stukken overgebracht naar een gracht nabij het kerkhof (Caulille, p. 384 ; Soil de Moriamé, p. 18 nr. 88). Omstreeks 1933 werd deze stukken overgebracht naar het nieuwe kerkhof en geplaatst boven de erecrypte ter herdenking van de slachtoffers van W.O.I (met inscriptie op de sokkel) (cf. brief van de gemeentesecretaris d.d. 5 februari 1958).

De paal werd door de Commissie voor Monumenten alleszins voorgedragen om als monument beschermd te worden (Soil de Moriamé, p. 18 nr. 88), maar dit advies bleef zonder gevolg.

*C. Beschrijving en afmetingen*

Zuilkaak in obeliskvorm. Arduin.
Globale hoogte : ca. 4,5 meter.

(a) Bekroning : een soort met guirlandes omhangen bol of vaas, die wellicht niet origineel is, daar de paal als lantaarnpaal dienst gedaan heeft (tenzij deze lantaarn op een andere plaats was bevestigd).

(b) Schacht : Op een massieve kubusvormige sokkel (origineel?) verheft zich een hoge balk met eenvoudig lijstwerk, die via een uitspringend, vierkant kapiteel uitmondt in een piramide. Deze piramide is onderbroken, waarbij de onderste helft een wapen voert en het bovenste gedeelte door vier bollen wordt geschraagd. Het wapen van Lessen (nl. in keel drie versmalde dwarsbalken van goud met een sleutel van zilver over alles heen) wordt gehouden rechts door een griffioen van goud en links door een leeuw van hetzelfde (zie M. Servais, *Wapenboek van de provinciën en gemeenten van België*, Brussel, 1955, p. 134 en 1029 ; Lesneucq-Jouret, naast titelblad). Onder dit wapen is het jaartal „1836" aangebracht. Het is dan ook de vraag of dit wapen wel oorspronkelijk de paal sierde.

Op de balk werd tussen beide wereldoorlogen bij de heroprichting boven de crypte navolgende tekst aangebracht : „Aux soldats tombés dans la bataille et aux citoyens déportés par l'ennemi 1914-1918".

(c) Basis : verdwenen.

*D. Specifieke bibliografie*

A. Caulille, *Le perron de Lessines*, in : „BTCB", 1914, p. 384 ; P. De Win, *Een aspect*, p. 98 nt. 131 en p. 108 nr. 69 ; Idem, *In het kader : de schand-*

*strafinstrumenten*, p. 144 nt. 5 en p. 155 nr. 69 ; IDEM, *Schandstraffen in België* (doct. diss.), dl. II-A, nr. 189 (H.60) (afb.) ; V. J. GUIGNIES, *Histoire de la ville de Lessines*, in : „MPSSALH", r. 5, 5, 1892, p. 119 ; T. LESNEUCQ-JOURET, *Histoire de Lessines*, Doornik, 1873, p. 58-59 ; G. MEERSSEMAN, *Vorm en Betekenis*, p. 99 ; F. MOENS en P. DE WIN, *Hainaut*, p. 155 (afb.) ; E. J. SOIL DE MORIAMÉ, *Inventaire Tournai. V. Arr. Soignies*, p. 18 nr. 88.

*E. Inventaris* : bezoek ter plaatse in 1982.

*F. Foto's* : P.D.W. 1982.

⊗ **H.61. LEUZE-EN-HAINAUT** (afb. 25)

Deelgemeente : BLICQUY.
Thans : prov. Henegouwen, arr. Doornik.
Eertijds : graafschap Henegouwen.

VERDWENEN SCHANDPAAL VAN BLICQUY

Dat er in 1779 te Blicquy een schandpaal stond, leidt geen twijfel. Deze schandpaal stond op het dorpsplein niet ver van de toegang tot het kerkhof en de kerk. Hij zag er toen uit als een slanke staak met wapenvaantje in top (BERGEN, A. É., C. & P., nr. 387, plan getekend door P.-A. Trigallez d.d. 21 april 1779).

Ook op een plan uit 1781 vinden we deze zelfde schandpaal terug (BERGEN, A.É., C. & P., nr. 28, plan d.d. 18 april 1781, opgemaakt naar aanleiding van een proces tussen de heer van Blicquy, Sylvestre-Louis-Charles du Roy, en de schepenen van Blicquy).

Merkwaardig is wel dat er op de gedetailleerde plannen van Blicquy d.d. 16 april 1754 en 14 maart 1777 (BERGEN, A.É., C. & P., nrs. 26-27) nog geen schandpaal staat afgebeeld. Daaruit valt af te leiden dat de paal die op de boven geciteerde plannen van 1779 en 1781 figureert, tussen maart 1777 en april 1779 opgericht moet zijn.

Blicquy was een heerlijkheid met alle graden van rechtsmacht. Na de families de Rubempré en de Croÿ (15de-16de eeuw) kwam zij in 1594 in handen van de familie de Hennin-Liétard (tot begin 18de eeuw). Via de familie de Prévost de La Bastides kwam zij ten slotte vanaf 1742 tot aan de Franse Tijd in het bezit van de familie du Roy (de Blicquy) terecht (H. HASQUIN e.a., *Gemeenten van België*, dl. III, p. 1580 ; zie ook : C. DEBRUYCKER, *Histoire de Blicquy*, Leuze, 1911).

NOTA : Het ijzeren z.g. *Croix des Pendus* op het kerkhof zou wel eens dienst hebben gedaan als schandpaal (P. VANDROMME, *Provincie Henegouwen in beeld*, Hasselt, 1981, p. 38 ; A. GENARD, *Chapelle-à-Oie et les hameaux limitrophes*, Leuze, 1982, p. 43 ; J. GODET, *Le combat de la Catoire ou de Leuze*, in : „HT", nr. 90, 1962, p. 21-22 met afb.). Vandaar dat het ook werd opgenomen in mijn eerste lijst van bewaarde schandpalen : P. DE WIN, *Een aspect*, p. 108 nr. 70 ; IDEM, *In het kader : de schandstrafinstrumenten*, p. 155 nr. 70 ; IDEM, *Schandstraffen in België* (doct. diss.), dl. II-A, nr. 190 (H.61) met afb.).

Het mooie, smeedijzeren kruis op een stenen, uitgewerkte basis (afb. in : P. VANDROMME, *o.c.*, p. 38 ; J. GODET, *o.c.*, p. 22 ; cf. afb. van een vergelijkbaar kruis in : E. DE LA ROCHE MARCHIENNES, *Croix de cimetière à Harvengt*, in : „ACAM", 29, 1910, p. 4) zou dateren uit de 15de eeuw (cf. E. J. SOIL DE MORIAMÉ, *Inventaire*

*Mons*. II. *Arr. Ath*, p. 27) en stond eertijds op het marktplein (E. J. Soil de Moriamé, *o.c.*, p. 27 ; P. Vandromme, *o.c.*, p. 38). Op het einde van de 18de eeuw stond het kruis evenwel al op het kerkhof, zoals duidelijk blijkt uit het bovengenoemde plan van 1781. De afbeelding van het kruis op dat plan bevestigt het lokale belang ervan.

Zijn aanduiding als *Croix des Pendus* ontleent het aan de overlevering dat rond dit kruis diegenen werden begraven die zich hadden verhangen (cf. [D. Wautelet-Delahaie e.a.], *Wallonië. Toeristische gids 1982-1983*, Luik, 1982, p. 75 ; [...], *Les trésors de Blicquy*, in : „Nord Éclair", d.d. 31 augustus 1982) .

Het kruis was dus vermoedelijk eerst een soort marktkruis en deed in deze functie wellicht ook wel eens dienst als gelegenheidskaak (vgl. met Ath, Ath (H.3), waar het marktkruis ook als zodanig werd aangewend), om vervolgens op het kerkhof terecht te komen (eind 18de eeuw?). Wellicht bezorgden enkele concrete gevallen van zelfmoord door verhanging (in de 19de eeuw?) het kruis vervolgens zijn huidige benaming.

## ■ H.62. LEUZE-EN-HAINAUT (afb. 26-27)

Deelgemeente : Grandmetz.
Thans : prov. Henegouwen, arr. Doornik.
Eertijds : graafschap Vlaanderen.

### Bewaarde schandpaal van Grandmetz

*A. Huidige opstelling*

In de hof van de voormalige pastorie. De paal is in vervallen toestand, in 1982 omhangen met een welsprekend plakkaat „Interdit/Danger".

*B. Herkomst en historisch overzicht*

(a) Afkomstig van de heerlijkheid Grandmetz.

(b) Er is alleszins reeds sprake van een schandpaal in 1616-17 naar aanleiding van een geschil tussen Arnold van de Woestijne, heer van Grandmetz, en het kapittel van de St.-Pieterskerk te Leuze. In het procesdossier steekt een schetsje, waarop de schandpaal is getekend. De tekening laat een paal zien met een wapenvaantje in top (Gent, R.A., Raad van Vlaanderen, nr. 9609).
De heerlijkheid Grandmetz zelf was afhankelijk van de baronie van Pamel en maakte deel uit van het graafschap Vlaanderen. Van 1409 tot 1676 behoorde zij toe aan de familie van de Woestijne, maar kwam nadien in handen van tal van bezitters (H. Hasquin e.a., *Gemeenten van België*, dl. III, p. 1989 ; Croquet, p. 21-40).

(c) Oprichtingsdatum : in de 17de-18de eeuw (volgens pastoor L. Masure, 1947 : ca. 1625).

(d) Oorspronkelijke opstelling : nabij de kapel van O.-L.-Vrouw van Zeven Smarten en het pad genaamd „piedsente du marais de la justice" (Moens, p. 277 ; Croquet, p. 103).

(e) Opgravings- en heroprichtingskroniek :
De paal werd als monument beschermd bij K.B. van 30 december 1933, maar bevindt zich in vervallen toestand.

*C. Beschrijving en afmetingen*

Achthoekige zuilkaak. Arduin.
Globale hoogte : 3,10 meter ; 28 cm breed aan de basis (cf. CROQUET, p. 104).

a) Bekroning : op een slank voetje staat een halve bol, waarboven eertijds waarschijnlijk een ijzeren wapenvaantje was aangebracht.

(b) Schacht : vanuit een vierkant grondplan vertrekt de zuil, die snel achthoekig wordt en naar boven toe enigszins verjongt om uit te lopen in een eenvoudig lijstje als kapiteel. Er is een groot gat (vermoedelijk voor de bevestigingsring voor het halsijzer) vooraan op ca. 1,70 meter hoogte en twee gaten achteraan (voor de handboeien) op ca. 1,30 meter hoogte (cf. CROQUET, p. 104).

(c) Basis : één originele achthoekige trede bleef bewaard. Hoogte : ca. 15 cm.

*D. Specifieke bibliografie*

J. CROQUET, *Histoire de Grandmetz (Hainaut)*, Rijsel, 1930, p. 103-104 (afb.) ; P. DE WIN, *Een aspect*, p. 108 nr. 71 ; IDEM, *In het kader : de schandstrafinstrumenten*, p. 155 nr. 71 ; IDEM, *Schandstraffen in België* (doct. diss.), dl. II-A, nr. 191 (H.62) (afb.) ; F. MOENS, *Schandpalen*, p. 277 ; F. MOENS en P. DE WIN, *Hainaut*, p. 155 (afb.) ; E. J. SOIL DE MORIAMÉ, *Inventaire Tournai*. I. *Arr. Tournai, cant. Antoing*, p. 117 ; J. VAN OVERSTRAETEN, *Gids voor Wallonië en het groothertogdom*, Antwerpen, 1958, p. 160.

*E. Inventaris* : bezoek ter plaatse in 1982.

*F. Foto's* : P.D.W. 1982 ; A.C.L. 19930 (1942).

## ■ H.63. LEUZE-EN-HAINAUT (afb. 28)

Deelgemeente : PIPAIX.
Thans : prov. Henegouwen, arr. Doornik.
Eertijds : graafschap Vlaanderen.

### BEWAARDE SCHANDPAAL TE PIPAIX

*A. Huidige opstelling*

In het domein van het 'Château de la Catoire' opgesteld op een eilandje (privébezit).

*B. Herkomst en historisch overzicht*

(a) Afkomstig van de heerlijkheid DE LA CATOIRE te Pipaix volgens de eigenaar (brief d.d. 14 maart 1983).
Gezien de leenheerlijke situatie van Pipaix lijkt dit weinig waarschijnlijk. Pipaix was tijdens het Ancien Régime opgedeeld in drie belangrijke heerlijkheden, die alle drie vrije territoria van het graafschap Vlaanderen waren behorend tot de baronie van Pamel, m.n. vooreerst Pipaix zelf, dat een bezitting van het kapittel van Leuze was, vervolgens Ghyssegnies (of Guissignies), dat lekeheren had, waaronder de familie des Enfflans, die van 1701 tot aan de Franse Tijd eigenaar bleef, en ten slotte Lignette, dat een bezitting van het kapittel van Antoing was (H. HASQUIN e.a., *Gemeenten van België*, dl. IV, p. 2610). Het komt me dan ook eerder voor dat de schandpaal van één dezer heerlijkheden afkomstig is, wellicht van de lekeheerlijkheid Ghyssegnies.

(b) Oprichter : onbekend.

(c) Oprichtingsdatum : vermoedelijk in de 18de eeuw.

(d) Oorspronkelijke opstelling : wellicht niet ver van zijn huidige opstellingsplaats.

(e) Opgravings- en heroprichtingskroniek : onbekend.

*C. Beschrijving en afmetingen*

Zeshoekige zuilkaak. Arduin.
Globale hoogte : ca. 3,50 meter.

(a) Bekroning : verdwenen.

(b) Schacht : een slanke zeshoekige zuil met profilering onderaan, uitlopend in een getrapt zeshoekig kapiteel bovenaan.
Midden op de zuil is nog de verminkte leeuwekop in halfreliëf zichtbaar als halsijzerhouder. Het halsijzer zelf is verdwenen.

(c) Basis : twee treden zijn bewaard gebleven, zeshoekig van vorm, maar kunstmatig verhoogd.

*D. Specifieke bibliografie*

P. De Win, *Schandstraffen in België* (doct. diss.), dl. II-A, nr. 192 (H.63) (afb.) ; [D. Wautelet-Delahaie e.a.], *Wallonië. Toeristische gids 1982-1983*, Luik, 1982, p. 75 (evenwel met fouten).

*E. Inventaris* : bezoek ter plaatse in 1983.

*F. Foto's* : P.D.W. 1983.

## ⊗ H.64. LEUZE-EN-HAINAUT

Deelgemeente : Thieulain.
Thans : prov. Henegouwen, arr. Doornik.
Eertijds : graafschap Henegouwen.

### Verdwenen schandpaal van de heerlijkheid Dargis (of d'Argy) te Thieulain

De schandpaal van de heerlijkheid Dargis of d'Argy te Thieulain stond eertijds nabij de 'Ferme de Dargis', die vóór de Franse Tijd werd bewoond door de baljuw. De paal is thans verdwenen ([...], *En promenade à Thieulain*, in : „Nord Éclair", d.d. 31 augustus 1982).

Leval : zie Binche, Leval-Trahegnies (H.8)
⇒ thans bewaard te Morlanwelz, Morlanwelz-Mariemont (H.85)

Lombise : zie Lens, Lombise (H.55)

Mainvault : zie Ath, Mainvault (H.4)

## ● H.65. MANAGE

Deelgemeente : Bois d'Haine.
Thans : prov. Henegouwen, arr. Charleroi.
Eertijds : graafschap Henegouwen.

Schandpaal van Bois d'Haine

Zou nog bewaard zijn te Seneffe, Familleureux (H.103) (zie aldaar).

## ⊗ H.66. MANAGE

Deelgemeente : Fayt-lez-Manage.
Thans : prov. Henegouwen, arr. Charleroi.
Eertijds : graafschap Henegouwen.

Verdwenen schandpaal van Fayt-lez-Manage en Escaille

De heren hadden er de drie graden van rechtsmacht en dus ook het recht om er te „pilloriser" (J. De Soignie, *Notice historique sur Fayt-lez-Seneffe*, Bergen, 1873, p. 22-23 ; L. Desmet en E. Haucotte, *Notre village : Fayt-lez-Manage*, La Louvière, z.j., p. 27).

Op het einde van de 18de eeuw werd de heerlijkheid verkocht aan gravin Odile de Looz-Corswarem, die een schandpaal liet oprichten op het dorpsplein ten teken van haar rechtsmacht (J. De Soignie, *o.c.*, p. 27 ; H. Hasquin e.a., *Gemeenten van België*, dl. III, p. 1861). Deze schandpaal is thans verdwenen.

## □ H.67. MANAGE (afb. 29)

Deelgemeente : Fayt-lez-Manage.
Thans : prov. Henegouwen, arr. Charleroi.
Eertijds : graafschap Henegouwen.

Bewaarde schandpaal van Haine-Saint-Pierre en La Hestre

*A. Huidige opstelling*

In het domein van het 'Château de l'Escaille', achter de kasteelboerderij (privé-eigendom).

*B. Herkomst en historisch overzicht*

(a) Afkomstig van de heerlijkheid Haine-Saint-Pierre en La Hestre.

(b) Gezien het wapenschild en de wapenversierselen, opgericht door Jean-Louis-Nicolas-Guislain de Carondelet, die de titel van markies overdraagbaar bij mannelijke eerstgeboorte met wapenvermeerdering bekwam bij open brieven d.d. Wenen, 30 maart 1784 (L. Duerloo en P. Janssens, *Wapenboek van de Belgische Adel*, dl. A-E, Brussel, 1992, p. 458 en Pl. 943).

Vanaf 1594 tot aan de Franse Tijd was de heerlijkheid Haine-Saint-Pierre in handen van de familie de Carondelet (zie : Hecq en Parent, p. 53-55 en 96-97 ; vgl. H. Hasquin e.a., *Gemeenten van België*, dl. III, p. 2014 : slechts vanaf 1639 tot 1784). Jean-Louis-Nicolas-Guislain de Carondelet, gezegd *le vicomte de Carondelet*, deed leenverhef voor de heerlijkheid op 5 juni 1784 (Hecq en Parent, p. 54) (zie voor een genealogie van deze familie : baron de Woelmont de Brumagne, *Notices généalogiques*, r. 7, Parijs, 1930, p. 164-167).

De schandpaal werd in 1789 vermeld als reeds aldaar opgesteld sinds onheuglijke tijden (Hecq en Parent, p. 97). Hij zou op het dorpsplein nabij de kerk opgericht zijn geworden in 1662 (A.B.J., p. 69), d.w.z. door Antoine de Carondelet

(leenverhef op 4 februari 1645), die later opgevolgd werd door zijn broer Alexandre (leenverhef op 6 februari 1691) (Hecq en Parent, p. 54).
In feite gaat het hier om de schandpaal van het leen La Hestre en Haine-Saint-Pierre, één van de drie leengoederen op het grondgebied Manage gehouden van de graven van Henegouwen (zie ook : Th. Lejeune, *Histoire et archéologie du canton de Binche : Haine-Saint-Pierre*, in : „DRSPAC", 6, 1873, p. 327-329).

(c) Oprichtingsdatum : gezien het wapen, alleszins na 30 maart 1784.

(d) Oorspronkelijke opstelling : op het dorpsplein van Haine-Saint-Pierre, waar er alleszins in 1662 al één stond nabij de kerk (A.B.J., p. 69).

(e) Opgravings- en heroprichtingskroniek :
Een deel van de schandpaal met het wapen van de familie Carondelet werd rond de eeuwwisseling vermeld als nog bewaard in de tuin van dhr. Lechien, brouwer te Fayt-lez-Manage (A.B.J., p. 69). Het kasteel van Escaille werd eertijds verworven door de familie Coppée en kwam vervolgens in handen van de families Carlier-Lechien (Bataille en Seydoux, p. 82). Volgens een lokale orale traditie zouden de restanten door dhr. Carlier van Haine-Saint-Pierre naar het kasteeldomein zijn overgebracht.

*C. Beschrijving en afmetingen*

Gemengd achthoekig-cilindrische zuilkaak. Arduin.
Globale hoogte : ca. 2,50 meter.

(a) Bekroning : een ovalen medaillon op achthoekige voet, waarboven nog restanten van ijzerwerk (vermoedelijk voor het aanbrengen van een ijzeren vaantje) te zien zijn. Op dit medaillon is het wapen van markies Jean-Louis-Nicolas-Guislain de Carondelet afgebeeld : in azuur een schuinbalk van goud vergezeld van zes zoomsgewijze geplaatste penningen van hetzelfde (J.-B. Rietstap, *Armorial général*, dl. I, p. 377 en ill. Rolland, dl. II, Pl. XXIX). Het wapen is gehouden door twee leeuwen (van goud, geklauwd en getongd van keel), getopt met de hertogelijke kroon en omhangen met een mantel (van keel, gevoerd van hermelijn met op de zijpanden het wapen) (zie afb. : L. Duerloo en P. Janssens, *o.c.*, Pl. 943). Daaronder is het nog amper leesbare devies „Aquila et Leo" aangebracht.
Hoogte : ca. 1 meter.

(b) Schacht : een enigszins achthoekig gemaakt bovenstuk staat op een breder cilindrisch onderstuk op achthoekige basis. Het onderste stuk fungeert als een soort hoge sokkel, die uitloopt in een achthoekig tussenstuk. De combinatie komt bizar over, vermoedelijk omdat een groot deel van het bovenste stuk van de zuil en het kapiteel verloren zijn gegaan.
Hoogte : ca. 2,5 meter.

(c) Basis : verdwenen.

*D. Specifieke bibliografie*

A.B.J., *Piloris*, in : „Jadis", 11, 1907, p. 69 ; J. Bataille en Ph. Seydoux, *Châteaux et manoirs du Hainaut*, z.pl., [1979], p. 82 ; A. Courtain, *Le pilori de Feluy*, in : *Société de Recherches historiques et folkloriques de Seneffe*, 1985, nr. 3, p. 76 (afb.) ; M. Hecq en A. Parent, *Histoire de Haine-Saint-Pierre*, La Louvière, 1930, p. 97.

*E. Inventaris* : bezoek ter plaatse in 1989.

*F. Foto's* : P.D.W. 1989.

( □ ?) **H.68. MANAGE** (afb. 30)

Deelgemeente : MANAGE.
Thans : prov. Henegouwen, arr. Charleroi.
Eertijds : hertogdom Brabant.

**BEWAARDE SCHANDPAAL VAN TYBERCHAMPS**

*A. Huidige opstelling*

Tot omstreeks 1920 stond de schandpaal in het kasteelpark van Tyberchamps opgesteld. Thans is de paal spoorloos, maar zou zich in de V.S.A. bevinden (MOENS en DE WIN, p. 156).

*B. Herkomst en historisch overzicht*

(a) Afkomstig van de heerlijkheid TYBERCHAMPS, die zich over Manage en Seneffe uitstrekte.

(b) Waarschijnlijk opgericht door Ignace-François-Joseph Charlé (1709-1786), licentiaat in de rechten, advocaat bij de Raad van Henegouwen, raadsheer van Maria-Theresia, thesaurier en *garde des chartes* van Henegouwen (F.-V. GOETHALS, *Dictionnaire généalogique et héraldique des familles nobles du royaume de Belgique*, Brussel, 1849, p. 616). Hij verwierf de heerlijkheid Tyberchamps voor 33.000 gulden op 20 oktober 1759 (leenverhef op 22 december 1759) en liet in 1761 het kasteel van Tyberchamps in Italiaanse stijl bouwen. Hij werd opgevolgd door zijn zoon, Henri-Joseph-Xavier-Guillaume Charlé (1744-1799), laatste heer van Tyberchamps (leenverhef op 27 maart 1784) (STROOBANT, p. 132-150).

(c) Oprichtingsdatum : vermoedelijk omstreeks 1761 (vgl. A.C.L.-documentatie : omstreeks 1780).

(d) Oorspronkelijke opstelling : nabij de plaats en weg geheten *La Justice* (BRIGODE en VAN BELLINGEN, p. 82 ; STROOBANT, p. 143).

(e) Opgravings- en heroprichtingskroniek :
De paal werd waarschijnlijk na de Franse Tijd overgebracht naar het kasteelpark, waar hij nog tot na W.O.I stond opgesteld. Omstreeks 1920-21 werd hij door dhr. Maelbeck verkocht aan een antiekhandelaar toen hij naar het kasteel 'de la Rocq' te Feluy verhuisde. Die zou hem op zijn beurt doorverkocht hebben aan een koper uit de Verenigde Staten van Amerika. De paal zou zich in de V.S.A. bevinden (MOENS en DE WIN, p. 156 ; BRIGODE en VAN BELLINGEN, p. 82 nr. 374 ; *Le Centre*, p. 165) .

*C. Beschrijving en afmetingen*

Zuilkaak in obeliskvorm. Arduin.
Globale hoogte : ca. 4 meter.

(a) Bekroning : een bol, overtopt met een klaverblad (cf. in het familiewapen Charlé).

(b) Schacht : op een balkvormige sokkel met eenvoudig lijstwerk verheft zich een slanke piramide, die gedragen wordt door drie hazewinden (cf. schildhouders van het familiewapen Charlé). Op de piramide prijkt het ovalen familiewapen in halfreliëf, omgeven door een guirlande. Het wapen van de familie Charlé was : in azuur een keper van goud met een klaverblad van hetzelfde in de schildpunt, met een schildhoofd van het veld beladen met vier banden van goud. Als schildhouders fungeerden twee hazewinden (STROOBANT, p. 1 ; J.-B. RIETSTAP, *Armorial général*, dl. I, p. 405 en ill. ROLLAND, dl. II, Pl. LXI).

(c) Basis : verloren gegaan, en dit reeds vóór 1903. Volgens de afbeelding van de schandpaal bij STROOBANT (p. 142) bestond deze basis eertijds uit een drietal kleine treden.

*D. Specifieke bibliografie*

J.-F. BRIGODE en P. VAN BELLINGEN, *Essai sur la toponymie des communes de Seneffe et Manage*, in : „ACAM", 68, 1971-72, p. 82 en 99 ; *Le Centre*, La Louvière, 1936, p. 165 ; P. DE WIN, *Een aspect*, p. 104 nt. 179 ; IDEM, *In het kader : de schandstrafinstrumenten*, p. 140 ; IDEM, *Schandstraffen in België* (doct. diss.), dl. II-A, nr. 197 (H.68) (afb.) ; IDEM, *Schandstraffen in het wereldlijk strafrecht*, p. 125 en 171 ; E. M[ATTHIEU], *Piloris*, in : „Jadis", 11, 1907, p. 42 ; F. MOENS, *Schandpalen*, p. 277 ; F. MOENS en P. DE WIN, *Hainaut*, p. 156 ; C. STROOBANT, *Notice historique et généalogique sur les seigneurs de Tyberchamps*, Brussel, 1851, p. 142 (afb.) en 143.

*E. Inventaris* : niet teruggevonden.

*F. Foto's* : A.C.L. A.78145.

**MARCQ** : zie ENGHIEN/EDINGEN, Marcq (H.35)

**MESVIN** : zie MONS, Mesvin (H.71)

**MOESKROEN** : zie MOUSCRON

## ⊗ H.69. MONS (Bergen) (afb. 18)

Deelgemeente : CUESMES.
Thans : prov. Henegouwen, arr. Bergen.
Eertijds : graafschap Henegouwen.

### VERDWENEN SCHANDPAAL VAN CUESMES

In 1700 stond er op het grondgebied van Cuesmes een schandpaal van de heerlijkheid van het kapittel van Sainte-Waudru (van Bergen), waaronder bijna geheel Cuesmes ressorteerde (volgens een plan, getekend door Charles Lannoy op 29 december 1700 : BERGEN, A.É., C. & P., nr. 1050 ; een detail hieruit is afgebeeld in : H. BUSLIN en R. MAHIEU, *Cuesmes. Récits historiques, biographiques et anecdotiques*, Cuesmes, 1982, p. 56-57 en 66). De schandpaal zag er op dat plan uit als een cilindrische zuil, bekroond met een vierkante vlag met de wapens van het kapittel (in goud drie kepers van sabel).

In mei 1786 werden er voor meer dan 28 ponden werkzaamheden uitgevoerd aan de schandpaal van Cuesmes door meester-metser Joseph Lardinois. Volgens zijn afrekening werden de treden hermetst (transcriptie in : „Jadis", 11, 1907, p. 159).

● **H.70. MONS** (Bergen)

Deelgemeente : Harmignies.
Thans : prov. Henegouwen, arr. Bergen.
Eertijds : graafschap Henegouwen.

**Bewaarde schandpaal van Beugnies**

Thans bewaard te **Mons**, Nouvelles (H.78) (zie aldaar).

⊗ **H.71. MONS** (Bergen)

Deelgemeente : Mesvin.
Thans : prov. Henegouwen, arr. Bergen.
Eertijds : graafschap Henegouwen.

**Verdwenen schandpaal van Mesvin**

Op 13 februari 1739 werd door het St.-Vincentiuskapittel van Zinnik beslist om aldaar door zijn plaatselijke meier een nieuwe schandpaal te laten planten en wel nabij zijn woonplaats langs de steenweg (Th. Lejeune, *Mémoire historique sur l'ancienne ville de Soignies,* in : „MPSSALH", r. 3, 4, 1868-69, p. 433 ; L. Verriest, *Régime seigneurial,* p. 335-336 nt. 7).

De heerlijkheid behoorde toe aan het St.-Vincentiuskapittel van Zinnik, dat er alle graden van rechtsmacht bezat (H. Hasquin e.a., *Gemeenten van België,* dl. IV, p. 2392 ; Ch. Rousselle, *Notice sur le village de Mesvin,* in : „ACAM", 2, 1859, p. 71-76).

**H.72. MONS** (Bergen) (afb. 31)

Deelgemeente : Mons.
Thans : prov. Henegouwen, arr. Bergen.
Eertijds : graafschap Henegouwen.

⊗ **I. Verdwenen schandpalen van de schepenen van Bergen**

Te Bergen bestonden er meerdere tepronkstellingstoestellen waaraan de veroordeelden door de schepenen hun straf konden ondergaan. „Mettre à la vergogne" was in de 17de eeuw de meest courante uitdrukking hiervoor (P. Heupgen, *Les peines morales dans l'ancien droit pénal du Hainaut,* in : „Revue de Droit Pénal et de Criminologie", 1930, p. 636).

Vooreerst maakte men gebruik van gelegenheidstoestellen : b.v. een ladder in 1572-75 en 1583-86 ; „au moulin au pont" in 1586-87 ; aan de ijzeren balie voor het *Maison de la Paix* in 1581-85 ; aan een stalletje van een visverkoper in 1430 en 1481 (zie : P. Heupgen, *Les peines morales, o.c.,* p. 636-639 ; Idem, *Chronique judiciaire à Mons* *xv*^e^ *et xvi*^e^ *siècles d'après les comptes du Massard,* in : „ACAM", 48, 1926, p. 14-15 ; Idem, *Le Chep de Mons,* in : „Handelingen van de Koninklijke Commissie voor Oude Wetten en Verordeningen van België", 12, 1925-28, p. 502-503).

Daarnaast werden ook specifieke instrumenten voor de tepronkstelling aangewend :
(a) Op de Grote Markt stond er in de 14de-17de eeuw alleszins een kaak. Deze constructie in hout werd meermaals hersteld en herbouwd (b.v. in 1508 voor de

gezamenlijke tepronkstelling van drie personen). In 1687 stond de kaak nabij de grote vleeshalle en zij was niet zelden een bron van ergernis voor de omwonenden wegens de vuilnis die er zich rondom opstapelde (o.a. in 1687) (P. HEUPGEN, *Les peines morales*, *o.c.*, p. 636-637).
Naar het uitzicht van deze kaak hebben we het raden. Wellicht werd er soms ook gebruik gemaakt van een kooi of mand, die dan aan een paal werd vastgemaakt (cf. Chr. PIÉRARD, *Peines infligées aux femmes délinquantes à Mons au XV^e^ siècle*, in : „Standen en Landen", 22, 1961, p. 100-101 ; vgl. P. HEUPGEN, *Le Chep de Mons*, *o.c.*, p. 502, die aan deze „grue" (of „grouwe") een andere betekenis geeft). Waarschijnlijk waren het overwegend onversierde rechte staken voorzien van een halsijzer (of „carcan") (o.a. in 1538 en 1585-86 : P. HEUPGEN, *Les peines morales*, *o.c.*, p. 637).
(b) Daarnaast maakte men blijkbaar ook gebruik van een soort schavot, voorzien van houten klemborden voor handen en voeten, m.n. de „grue" (P. HEUPGEN, *Le Chep de Mons*, *o.c.*, p. 502-503 ; IDEM, *Les peines morales*, *o.c.*, p. 638 ; IDEM, *Chronique judiciaire*, *o.c.*, p. 14-15), of gewoon van een houten plankier zonder meer („hourd") (o.a. in 1429-30 : Chr. PIÉRARD, *o.c.*, p. 100 ; in 1716 : P. HEUPGEN, *Les peines morales*, *o.c.*, p. 636).
(c) Het meest bekend was de z.g. „guersillon", opgesteld nabij de wachtzaal (of *Salle des Saquiaux*) van het stadhuis. Het zou gaan om een houten plank met drie gaten voor hoofd en handen. De ijzeren ketenen van de polsijzers werden aan de deur van deze zaal van de wacht bevestigd (P. HEUPGEN, *Les peines morales*, *o.c.*, p. 637-638, die straffen vermeldt uit 1583-84 en 1635 ; IDEM, *Ballades judiciaires*, p. 472 ; IDEM, *Les enfants devant la juridiction répressive à Mons du XIV^e^ au XVIII^e^ siècle*, in : „Handelingen van de Koninklijke Commissie voor Oude Wetten en Verordeningen van België", 11, 1922-24, p. 219).

Buiten het beeldje van de *Singe du Grand-Garde* (zie verder) verdwenen alle gerechtsinstrumenten van het Ancien Régime, zo ook de schandpalen en de balie nabij de „carcan", op grond van het revolutionaire decreet van 12 december 1792. Op 1 februari 1793 werden „les bailles du carcan" door de steenhouwer Jean-Baptiste Hoyaux verwijderd (transcriptie van zijn rekening in : [...], *Suppression des armoiries et des piloris à Mons*, in : „ACAM", 13, 1876, p. 391 ; voor het decreet zelf : P. VERHAEGEN, *Recueil des Ordonnances des Pays-Bas Autrichiens*. III. *1700-1794*, Brussel, 1936, p. 239 ; zie ook : A. DE FER, *Mons à l'heure des «Sans-Culottes»*, in : „HT", nr. 233, 1985, p. 203).

■ (?) **II. „SINGE DU GRAND-GARDE"** (afb. 31)

Het beroemde beeldje van een gehurkt aapje tegen de gevel van het stadhuis zou eertijds als kaak voor kinderen dienst hebben gedaan, althans volgens de thesis van Clément Stiévenart (cf. HEUPGEN, *Les enfants*, p. 219-221, die enkele jaren later deze thesis nuanceert : „Misschien heeft ons aapje eertijds wel als schandpaal gediend doch wij denken dat het niet als dusdanig opgevat noch geplaatst werd" : HEUPGEN, *Het Aapje*, p. 106). Het beeldje werd oorspronkelijk waarschijnlijk voor andere doeleinden geplaatst, m.n. als uithangbord voor een cabaret of als symbool voor het *Hôtel du Singe d'Or* (HEUPGEN, *Les enfants*, p. 219 ; E. M[ATTHIEU], *Le Singe d'Or à Mons*, in : „ACAM", 15, 1878, p. 679-680).

Indien het aapje als 'kinderkaak' gediend zou hebben, zou het voor het „mettre à la vergogne" dienst hebben gedaan, vnl. dan in de 17de eeuw (zie : HEUPGEN, *Les enfants*, p. 219 ; IDEM, *Peines morales*, p. 636).

*A. Huidige opstelling*

Het beeldje is op borsthoogte aan de gevel van het stadhuis op de Grote Markt bevestigd.

*B. Herkomst en historisch overzicht*

(a) De herkomst is onduidelijk (zie *supra*), maar het werd wellicht in de 17de eeuw aangewend als 'kinderkaak' door de gerechtelijke instanties van de stad Bergen (zie *supra*).

(b) Oprichter : onbekend.

(c) Oprichtingsdatum : vermoedelijk reeds in de 15de eeuw vervaardigd (volgens HUBLARD, p. 17 : 1479), was het alleszins al in de 18de eeuw aangebracht nabij zijn huidige opstellingsplaats.

(d) Oorspronkelijke opstelling : in de 18de eeuw alleszins nabij zijn huidige opstellingsplaats (cf. de bewaarde plannen van de stadhuisgevel uit 1723 en 1788 : HEUPGEN, *Les enfants*, p. 219-220), zij het iets dichter bij de ingang van het stadhuis, waar het aapje als 'kinderkaak' mogelijk als pendant fungeerde van de „guersillon" (die een kaak voor volwassenen was) aan de andere zijde van de ingang.

(e) Opgravings- en heroprichtingskroniek :
Vermoedelijk bij een gevelrestauratie in de 19de eeuw verplaatst naar zijn huidige plaats. Het is uitgegroeid tot een symbool van de stad.

*C. Beschrijving en afmetingen*

Het is een bronzen beeldje van een gehurkt zittend, haast verlegen kijkend aapje (van ca. 20 cm hoog), met tussen de poten onderaan een klein ringetje (waarschijnlijk voor de bevestiging van een ketting).

*D. Specifieke bibliografie*

P. DE SAINT-HILAIRE, *Raadselachtig België*, „Nieuwe Gidsen voor België", I, Brussel-Parijs, 1973, p. 79 ; R. DESART en L. QUIÉVREUX, *Perles et curiosités des communes belges*, Zinnik, 1966, p. 35 (tek.) ; P. DE WIN, *Een aspect*, p. 108 nr. 73 ; IDEM, *In het kader : de schandstrafinstrumenten*, p. 155 nr. 73 ; IDEM, *Schandstraffen in België* (doct. diss.), dl. II-A, nr. 201 (H.72) (afb.) ; G.-H. DUMONT, *Het erfgoed van onze provincies*, Brussel, 1967, p. 29 (afb.) ; „HT", nr. 237, 1986, voorblad (afb.) ; P. HEUPGEN, *Les enfants devant la juridiction répressive à Mons du XIVe au XVIIIe siècle*, in : „Handelingen van de Koninklijke Commissie voor Oude Wetten en Verordeningen van België", 11, 1922-24, p. 219-221 ; IDEM, *Les peines morales dans l'ancien droit pénal du Hainaut*, in : „Revue de Droit Pénal et de Criminologie", 1930, p. 636 en 638 ; IDEM, *Het Aapje 'du Grand Garde' te Bergen*, in : „De Brabantse Folklore", 12, 1932-33, p. 105-107 (afb.) ; IDEM, *Ballades judiciaires*, p. 472 ; E. HUBLARD, *Le Singe du Grand-Garde*, in : „HT", nr. 79, 1960, p. 17-18 (afb.) ; F. MOENS en P. DE WIN, *Hainaut*, p. 155 ; E. J. SOIL DE MORIAMÉ, *Inventaire Mons*. III. *Arr. Mons, ville Mons*, p. 5 nr. 62 (afb. Pl. 62) ; P. VANDROMME, *Provincie Henegouwen in beeld*, Hasselt,

1981, p. 45 (afb.) ; J. Van Overstraeten, *Gids voor Wallonië en het groothertogdom*, Antwerpen, 1958, p. 278 ; [D. Wautelet-Delahaie e.a.], *Wallonië. Toeristische gids 1982-1983*, Luik, 1982, p. 80.

*E. Inventaris* : bezoeken ter plaatse in 1982, 1985 en 1987.

*F. Foto's* : P.D.W. 1982.

□ (?) **H.73. MONS (Bergen)** (afb. 32-35)

Deelgemeente : Mons.
Thans : prov. Henegouwen, arr. Bergen.
Eertijds : graafschap Henegouwen.

MOGELIJKE KAAKRESTEN IN LES MUSÉES CHANOINE PUISSANT TE BERGEN

Het gaat hier om niet gekatalogeerde lapidaire resten, waarvan de herkomst onbekend is, tenzij dat zij in de loop van de jaren werden verzameld door Chanoine Edmond Puissant (1860-1934). Chanoine Puissant bracht hen vermoedelijk mee van zijn omzwervingen in het Henegouwse. Hij bewoonde en 'restaureerde' o.m. de kastelen van Herchies, Sars-la-Bruyère, Havré en Écaussinnes-Lalaing (van omstreeks 1901 tot 1934) (zie : C. Piérard, *Les Musées Chanoine Puissant ont trente ans*, in : „HT", nr. 104, 1964, p. 85-88 ; Dentelin, *Les musées Chanoine Puissant*, in : „La Dernière Heure", d.d. 17 juli 1982).

Deze resten zijn vermoedelijk niet uit Bergen zelf afkomstig. Afgaande op de vormgeving en op grond van de opgedane ervaring meen ik dat de navolgende resten van schandpalen afkomstig zouden kunnen zijn. Omdat Chanoine Puissant geen inventaris bijhield voor deze lapidaire resten, is het thans vrijwel onmogelijk om de werkelijke herkomst te achterhalen of zelfs maar bevestiging te krijgen van ons vermoeden (zie : P. De Win, *Een aspect*, p. 108 nrs. 74-76 ; Idem, *In het kader : de schandstrafinstrumenten*, p. 141 en p. 155 nrs. 74-76 ; Idem, *Schandstraffen in België* (doct. diss.), dl. II-A, nr. 202 (H.73) met afb. ; F. Moens en P. De Win, *Hainaut*, p. 156).

I. (KAAK-?)BEKRONING MET BEER ALS HOUDER VAN HET WAPEN VAN DE ABDIJ VAN SAINT-GHISLAIN (afb. 32)

Het beeldje is ca. 50 cm hoog en laat een beer zien als houder van het gedeelde wapen van de abdij van Saint-Ghislain : 1 een Friese of halve adelaar (in goud een halve adelaar van sabel), 2 een kromstaf. Het geheel is uit arduin gehouwen. Het zware voetstuk is waarschijnlijk niet oorspronkelijk.

Deze mogelijke kaakbekroning doet thans op de binnenkoer aan de toegangsdeur naar het museum *Le Vieux Logis* (*Rue Notre-Dame-Débonnaire*) dienst als puiversiering.

Het beeldje zou afkomstig kunnen zijn van een schandpaal die eertijds door de abdij in één van haar heerlijkheden was opgesteld (zie ook H.100), maar het lijkt mij toch eerder afkomstig te zijn van het refugehuis van de abdij in de *Rue des Ursulines* te Bergen. In dit laatste geval dateert het waarschijnlijk uit de 18de eeuw (na 1726) (zie : Ch. de Bettignies, *Compte Rendu de l'excursion du Cercle archéologique à Saint-Ghislain*, in : „ACAM", 7, 1967, p. 214-215) en fungeerde het oorspronkelijk ook al als een loutere puiversiering.

**II. (Kaak-?)bekroning met dubbelwapen** (afb. 33)

Deze mogelijke kaakbekroning staat opgesteld op de binnenkoer onder het afdak van het museum *Le Vieux Logis* (*Rue Notre-Dame-Débonnaire*).
Dit restant is waarschijnlijk wel van een schandpaal afkomstig en dateert vermoedelijk uit de 18de eeuw. Het is gehouwen uit arduin en ca. 50 cm hoog en beeldt twee ovalen wapenschilden uit die omhangen zijn met een wapenmantel, die op zijn beurt getopt is met een (hertogelijke?) hoed.

**III. Restanten van een ionische zuil(-kaak?)** (afb. 34)

Deze restanten staan opgesteld in de tuin van het *Attacat* behorend tot de *Musées Chanoine Puissant* (*Rue des Sars*).
Het is mogelijk een zuilkaak, waarschijnlijk daterend uit het einde van de 18de eeuw.
De arduinen paal is ca. 3,5 meter hoog. Het is een enigszins verjongende cilindrische schacht, geplaatst op een lage achthoekige sokkel. De schacht loopt bovenaan uit in een Ionisch kapiteel met vierkante dekplaat. De zuil staat thans op een soort vierkante trede met afgeschuinde bovenkant ; deze trede is vermoedelijk niet origineel. Tot voor kort was de zuil bekroond met een soort gestileerde eikel, die thans aan de voet van de zuil is geplaatst. Deze versiering lijkt mij niet oud genoeg. Passender lijkt mij de gestileerde eikel op vierkante plaat die thans op het muurtje rond het grasveld staat.

**IV. Fragmenten van een cilindrische zuil(-kaak?)** (afb. 35)

Deze restanten staan opgesteld in de tuin van het *Attacat* behorend tot de *Musées Chanoine Puissant* (*Rue des Sars*), nl. niet ver van de toegangsdeur.
Het betreft drie stukken van een cilindrische zuil, die enigszins ruw gekapt is. Er zijn alleszins gaten voor het inbrengen van ijzerwerk zichtbaar. Één stuk is ca. 2 meter hoog en staat op een soort kapiteel (d.w.z. thans omgekeerd geplaatst) ; de twee overige stukken zijn ca. 1 meter hoog. De drie stukken behoorden oorspronkelijk allicht tot dezelfde zuil, mogelijk een schandpaal.

*Inventaris* : bezoeken ter plaatse in 1982 en 1985.

*Foto's* : P.D.W. 1985.

## H.74. MONS (Bergen) (afb. 36)

Deelgemeente : Mons.
Thans : prov. Henegouwen, arr. Bergen.
Eertijds : graafschap Henegouwen.

■ **I. Bewaarde fonteinkaak van het kapittel van Sainte-Waudru (of Sinte-Waldetrudis) te Bergen** (afb. 36)

Deze fontein zou ook als kaak gefungeerd hebben (cf. Devillers, *Puits*, p. 164-165 ; Heupgen, p. 472 ; Moens, p. 277 ; Moens en De Win, p. 155 ; Courtois, p. 119), al wordt dit niet algemeen aanvaard (o.m. niet door Faider en Delanney, p. 128). Vergelijk evenwel met de enigszins parallelle situatie op de *Place du Béguinage* (zie *infra* sub II).

*A. Huidige opstelling*

Op de *Place du Chapitre* nabij de Sainte-Waudrukerk.

*B. Herkomst en historisch overzicht*

(a) Afkomstig van de heerlijkheid van het kapittel van Sainte-Waudru te Bergen.

(b) Opgericht door het kapittel in 1779, besteld bij architect Ouvertus (*Patrimoine monumental*, dl. IV, p. 260-262).
De fonteinkaak verving een oudere put van 1532-35, bestaande uit vier pilaren, gesteund door dierfiguren (leeuw, griffioen, eenhoorn en arend). Boven het geheel wapperde de wapenbanier van het kapittel (DEVILLERS, *Fontaines*, p. 35).

(c) Oprichtingsdatum : 1779 (*Patrimoine monumental*, dl. IV, p. 260-262 ; DEVILLERS, *Fontaines*, p. 35 ; FAIDER en DELANNEY, p. 128).

(d) Oorspronkelijke opstelling : waarschijnlijk op of nabij de huidige plaats.

(e) Opgravings- en heroprichtingskroniek :
Waarschijnlijk overleefde het monument de Franse Tijd, omdat het hoofdzakelijk het uitzicht van een fontein had. Vóór de restauratie van 1930 was de fontein slechts te zien zonder bekronende elementen (vaas en banieren) (afb. in die toestand : FAIDER en DELANNEY, p. 140bis nr. 31). Naar aanleiding van de restauratie in 1930 werden nieuwe bekronende elementen aangebracht.
Het monument werd bij K.B. van 10 november 1955 beschermd.

*C. Beschrijving en afmetingen*

Pompkaak. Arduin.
Globale hoogte (zonder vaan) : ca. 4 meter (met vaan : ca. 1 meter meer).
Een driehoekig prisma, opgetrokken in steen van Écaussinnes en uitgewerkt in Lodewijk XVI-stijl, nl. met ingebogen vlakken die versierd zijn met lijstwerk, guirlandes en leeuwekoppen. Het prisma staat op twee treden, waarvan de onderste rond is en de bovenste zeshoekig met een halfronde uitsprong langs elke zijde. Een uitgewerkte lijst leidt aan de bovenzijde van het prisma naar een trapsgewijze evoluerende bekroning, die uitmondt in een met guirlandes versierde vaas (gereconstrueerd in 1930), waarop een ijzeren wapenvaan met het wapen van het kapittel steekt, nl. in goud drie kepers van sabel. Een soortgelijke vaan steekt ook op elk van de drie hoekpunten van het prisma (ook deze vanen werden gereconstrueerd in 1930) (zie FAIDER en DELANNEY, p. 128).
De platte kanten van de fontein werden aangewend als kaak, in feite een drievoudige kaak dus : langs elke kant is een ijzeren ring aangebracht op halshoogte (voor het halsijzer) en is onderaan een klein stenen opstapje voorzien (MOENS, p. 277 ; HEUPGEN, p. 472).

*D. Specifieke bibliografie*

J. P. COUTOIS, *Fontaine, si tu m'étais contée...*, in : „HT", nr. 225, 1984, p. 119-120 (afb.) ; L. DEVILLERS, *Les anciennes fontaines de Mons*, in : „ACAM", 1, 1857, p. 35 ; IDEM, *Puits de l'ancien Marché au Poisson et de la Place du Chapitre à Mons*, in : „ACAM", 6, 1865, p. 163-165 ; P. DE WIN, *Een aspect*, p. 100 nt. 146 en p. 103 nt. 168, alsook p. 108 nr. 72 ; IDEM, *In het kader : de schandstrafinstrumenten*, p. 145 nt. 18 en p. 155 nr. 72 ; IDEM, *Schandstraffen in België* (doct. diss.), dl. II-A, nr. 203 (H.74) (afb.) ; IDEM, *Schandstraffen in het wereldlijk strafrecht*, p. 108 en 131-132 ; IDEM, *Kaakstraf in België*, p. 34

nt. 57 ; IDEM, *Pompkaken te Bergen*, in : „Het Volk", d.d. 15-16 juni 1991 (afb.) ; P. FAIDER en H. DELANNEY, *Mons*, in : „ACAM", 50, 1928-29, p. 128 en 140bis nr. 31 (afb.) ; P. HEUPGEN, *Ballades judiciaires*, p. 472 ; G. MEERSSEMAN, *Vorm en Betekenis*, p. 101 ; F. MOENS, *Schandpalen*, p. 277 ; F. MOENS en P. DE WIN, *Hainaut*, p. 155 ; *Le Patrimoine monumental de la Belgique. Wallonie*, dl. IV, Luik, 1975, p. 260-262 (met afb. Pl. 124) ; C. ROUSSELLE, *Les vues gravées de la ville de Mons et de ses monuments*, in : „ACAM", 25, 1896, p. 331 nr. 239 ; E. J. SOIL DE MORIAMÉ, *Inventaire Mons*. III. *Arr. Mons, ville Mons*, p. 25 nr. 297.

*E. Inventaris* : bezoeken ter plaatse in 1982 en 1985.

*F. Foto's* : P.D.W. 1982 en 1985 ; A.C.L. A.15836 (1941).

**⊗ II. VERDWENEN SCHANDPAAL VAN HET KAPITTEL VAN SAINTE-WAUDRU (of Sinte-Waldetrudis) OP DE PLACE DU BÉGUINAGE**

Deze schandpaal bestond in 1614 alleszins nog uit een gewoon halsijzer, vastgemaakt aan een boom (P. HEUPGEN, *Ballades judiciaires*, p. 472 ; L. DEVILLERS, *Cartulaire du Béguinage de Cantimpret à Mons*, in : „ACAM", 6, 1865, p. 210 nt. 1 : kapittelbesluit van 14 augustus 1614 : „conclu de faire remettre au clo du Béguinage les bancqz qui ont accoustumet d'estre du passé et attachier à l'arbre un collier de fer"). Op 2 januari 1686 gaf het kapittel aan de baljuw toelating om ook deze schandpaal opnieuw in orde te brengen (L. DEVILLERS, *Cartulaire*, *o.c.*, p. 210 nt. 1).

Op een plan uit 1740, vervaardigd door F. J. Plon, staat de schandpaal getekend op de *Place du Béguinage* naast de waterput. Deze paal bestond uit een houten staak op een kleine basis en was voorzien van een wapenvaantje met de kleuren van het kapittel (cf. P. HEUPGEN, *Ballades judiciaires*, p. 472 ; afb. tekening naar dit plan in : L. DEVILLERS, *Cartulaire*, *o.c.*, p. 210bis).

Op 30 september 1778 besloot het kapittel de waterput om te bouwen en te voorzien van een arduinen pomp, die tevens als kaak dienst zou doen. De werken werden uitgevoerd door werkleider Blanquart en steenkapper Leclercq (L. DEVILLERS, *Cartulaire*, *o.c.*, p. 210 nt. 1). De vorm is waarschijnlijk enigszins vergelijkbaar met de fonteinkaak op de *Place du Chapitre* (zie *supra*).

De pompkaak op de *Place du Béguinage* bestond nog in 1857 (P. HEUPGEN, *Ballades judiciaires*, p. 472 ; zie ook : E. M[ATTHIEU], *Piloris*, in : „Jadis", 2, 1898, p. 110, alsook 11, 1907, p. 42).

**⊗ III. VERDWENEN „PIERRE HOURDRESSE" BINNEN DE OMHEINING VAN HET KAPITTEL VAN SAINTE-WAUDRU (of Sinte-Waldetrudis) TE BERGEN**

Deze „pierre hourdresse" was een soort stenen verhoog dat gebruikt werd voor de tepronkstelling van de delinquenten die binnen de omheining werden gevonden. Fragmenten ervan lagen in 1857 nog achter de Sainte-Waudrukerk, maar verdwenen sedertdien (P. HEUPGEN, *Ballades judiciaires*, p. 472).

## ⊗ H.75. MONS (Bergen) (afb. 37)

Deelgemeente : MONS.
Thans : prov. Henegouwen, arr. Bergen.
Eertijds : graafschap Henegouwen.

### VERDWENEN SCHANDPALEN VAN HAVRÉ TE BERGEN

Het hertogdom Havré strekte zich uit binnen Bergen langs de linkeroever van de Trouille tot aan de Guérite-stadspoort, tot aan de *Pont-de-Londres* en tot aan het Begijnhof. De hertog van Havré was tevens erfburggraaf van Bergen (L. D[EVILLERS], *Juridiction d'Havré à Mons*, in : „ACAM", 8, 1869, p. 263).

Er stonden twee schandpalen van de heerlijkheid Havré opgesteld binnen Bergen, nl. nabij de Guérite-poort en op de *Place d'Havré* bij het Begijnhof (P. HEUPGEN, *Ballades judiciaires*, p. 472 ; L. D[EVILLERS], *o.c.*, p. 263 ; E. M[ATTHIEU], *Piloris*, in : „Jadis", 11, 1907, p. 42 ; P. DE WIN, *Een aspect*, p. 97 nt. 121).

De schandpaal van de heerlijkheid Havré nabij het Begijnhof figureert op een kaartje, dat in de 19de eeuw naar een ouder origineel in een privé-verzameling te Brussel werd gekopieerd (BERGEN, A.É., C. & P., nr. 1065). De schandpaal zag er uit als een cilindrische zuil op één trede met een wapenvaantje in top.

Beide schandpalen, waaraan mogelijk reeds gewerkt was in 1753 (L. DEVILLERS, *Extraits des comptes de la ville de Mons*, in : „ACAM", 13, 1876, p. 383), werden in 1762 en 1766 ook gebruikt voor de publikatie van politieverordeningen binnen de heerlijkheid (L. D[EVILLERS], *Juridiction d'Havré*, *o.c.*, p. 263-264).

De palen bestonden alleszins nog in 1784 (L. D[EVILLERS], *Juridiction d'Havré*, *o.c.*, p. 264) en werden in 1792-93 verwijderd ingevolge een decreet van het Franse revolutionaire bewind (zie : [...], *Suppression des armoiries et des piloris à Mons*, in : „ACAM", 13, 1876, p. 391, waarbij een rekening wordt gereproduceerd van meester-steenkapper J.-B. Hoyaux d.d. 9 maart 1793 voor het demonteren van de galgen buiten de *Porte d'Havré* en het verwijderen van de ijzers en stenen ; vermoedelijk verdwenen rond deze tijd ook de schandpalen).

## ⊗ ? H.76. MONS (Bergen)

Deelgemeente : MONS-Hyon.
Thans : prov. Henegouwen, arr. Bergen.
Eertijds : graafschap Henegouwen.

### VERDWENEN SCHANDPAAL VAN HYON

In 1857 waren de resten van de schandpaal nog zichtbaar op de koer van de herberg 'Au Lingot d'Or' (C. ROUSSELLE, *Notice sur le village d'Hyon*, in : „ACAM", 1, 1857, p. 44), al waren zij op die plaats alleszins al verdwenen in 1920 (P. HEUPGEN, *Ballades judiciaires*, p. 472). In 1968 werd gesteld dat er nog enkele stenen zichtbaar zouden zijn op de koer van het huis tegen het oud-gemeentehuis (A. GOSSERIES, *Histoire du village d'Hyon. Fiefs et seigneurs de l'Ancien Régime*, „Pro Civitate, Coll. Histoire, r. in-8°", XVI, Brussel, 1968, p. 107).

Deze stenen schandpaal werd vermoedelijk opgericht door de familie Franeau d'Hyon, heren van Hyon van 1577 tot aan de Franse Tijd (zie : A. GOSSERIES, *o.c.*, p. 76-80 ; C. ROUSSELLE, *o.c.*, p. 45-46 ; H. HASQUIN e.a., *Gemeenten van België*, dl. III, p. 2130-2131).

⊗ **H.77. MONS** (Bergen)

Deelgemeente : Mons-Obourg.
Thans : prov. Henegouwen, arr. Bergen.
Eertijds : graafschap Henegouwen.

**Verdwenen schandpaal van Obourg**

In 1857 werd er nog een restant van de schandpaalbasis bewaard op het dorpsplein van Obourg, waarop vóór de Franse Tijd nog een vrouw te pronk gesteld zou zijn. Het was een vierkant steenblok (C. Rousselle, *Notice sur le village d'Obourg*, in : „ACAM", 1, 1857, p. 107). Dit overblijfsel werd niet meer terug gevonden.

De abten van Saint-Denis bezaten te Obourg de drie graden van rechtsmacht (C. Rousselle, *o.c.*, p. 107 ; H. Hasquin e.a., *Gemeenten van België*, dl. IV, p. 2525-2526).

□ **H.78. MONS** (Bergen) (afb. 38)

Deelgemeente : Nouvelles.
Thans : prov. Henegouwen, arr. Bergen.
Eertijds : graafschap Henegouwen.

**Bewaarde schandpaal van Beugnies**

*A. Huidige opstelling*

In de tuin van kasteel 'L'Orangerie' (privé-bezit).

*B. Herkomst en historisch overzicht*

(a) Afkomstig van de heerlijkheid Beugnies te Harmignies (Heupgen, p. 472 ; Moens en De Win, p. 156).

(b) Waarschijnlijk opgericht door de familie du Chastel de La Howarderies of door de familie Berlaymont, heren van de heerlijkheid op het einde van het Ancien Régime. De heerlijkheid was een leengoed van het pairschap Barbençon (H. Hasquin e.a., *Gemeenten van België*, dl. III, p. 2037-2038 ; A. De Loë, *Notes sur la terre et seigneurie de Beugnies*, in : „ACAM", 23, 1892, p. 218-227).

(c) Oprichtingsdatum : 17de-18de eeuw (het kasteel wordt slechts vermeld vanaf 1667 : A. De Loë, *o.c.*, p. 225-226).

(d) Oorspronkelijke opstelling : waarschijnlijk nabij de plaats waar eertijds het kasteel van Beugnies stond.

(e) Opgravings- en heroprichtingskroniek :
Tot begin 1960 stond de schandpaal nabij de ingang van het kasteelpark van Beugnies te Harmignies. Het kasteel zelf was toen evenwel reeds afgebroken. De graaf d'Oultremont liet de paal na restauratie naar zijn huidige opstellingsplaats overbrengen (briefwisseling met de eigenaar in 1969).

*C. Beschrijving en afmetingen*

Achthoekige zuilkaak. Arduin.
Globale hoogte : ca. 2,25 meter.

(a) Bekroning : een vrij primitieve bol van ongeveer 20 à 25 cm hoog.

(b) Schacht : een achthoekige, vrij massieve zuil met profilering onderaan en bovenaan uitlopend in een eenvoudig kapiteel.
Ongeveer in het midden werd de zuil van een nieuw tussenstuk voorzien. Het gat waar eertijds de bevestigingsring voor het halsijzer zat, is nog zichtbaar bovenaan de zuil, vlak onder het kapiteel.
Hoogte van de zuil : ca. 2 meter.

(c) Basis : één vierkante trede, mogelijk het zichtbare gedeelte van een massief blok.

*D. Specifieke bibliografie*

P. De Win, *Een aspect*, p. 94 nt. 93 en p. 108 nr. 77 ; Idem, *In het kader : de schandstrafinstrumenten*, p, 141 en p. 155 nr. 77 ; Idem, *Schandstraffen in België* (doct. diss.), dl. II-A, nr. 207 (H.78) (afb.) ; P. Heupgen, *Ballades judiciaires*, p. 472-473 ; V. Martiny, *Le pilori de Braine-le-Château*, in : „Brabant (Fr.)", 11, 1959, nr. 10, p. 12 ; F. Moens en P. De Win, *Hainaut*, p. 156.

*E. Inventaris* : bezoek ter plaatse in 1982.

*F. Foto's* : P.D.W. 1982.

## ⊗ **H.79. MONS** (Bergen)

Deelgemeente : Nouvelles.
Thans : prov. Henegouwen, arr. Bergen.
Eertijds : graafschap Henegouwen.

### Verdwenen schandpaal van Nouvelles

In 1641 werd er een schandpaal vermeld in een verkoopakte van de heerlijkheid Nouvelles (A. Gosseries, *Monographie du village de Nouvelles*, Bergen, 1902, p. 31-32).

Deze schandpaal stond eertijds opgesteld aan het kruispunt van de weg van Bergen naar Nouvelles met de *Rue Briffaut*. Tot in de 19de eeuw was de basis in de vorm van een groot steenblok nog zichtbaar, maar in 1902 was deze steen reeds lang verdwenen (A. Gosseries, *o.c.*, p. 33-34 ; zie ook : L. Verriest, *Régime seigneurial*, p. 335-336 nt. 7).

In feite waren er in Nouvelles twee hoofdheerlijkheden. De ene hing af van het pairschap Avesnes, de andere van de baronie Quiévrain. Beide heerlijkheden bezaten de drie graden van rechtsmacht. De boven vermelde schandpaal behoorde tot de heerlijkheid Nouvelles-Quiévrain, die toen door Isembart de Zombre werd verkocht aan Philippe de la Barre (A. Gosseries, *o.c.*, p. 30 sqq. ; H. Hasquin e.a., *Gemeenten van België*, dl. IV, p. 2517).

## ⊗ **H.80. MONS** (Bergen)

Deelgemeente : Saint-Symphorien.
Thans : prov. Henegouwen, arr. Bergen.
Eertijds : graafschap Henegouwen.

### Verdwenen schandpaal van de Maltezerorde te Saint -Symphorien

De Orde van Sint-Jan-van-Jeruzalem, de latere Maltezerorde, had te Saint-

Symphorien een 'hospitaal' met afhankelijkheden, waarover de commandeur te Piéton alle rechtsmacht uitoefende.

In 1633 werd er melding gemaakt van het feit dat aldaar „pour marcque de ladite haulte justice y avoit de tout temps eu ung carcant et collier de fer pour punir les malfaicteurs", en dit alleszins reeds op 15 september 1542, toen een zekere Jacotin del Vallée aldaar werd gegeseld alvorens de oren te worden afgesneden en verbannen (L. Verriest, *Régime seigneurial*, p. 335 nt. 7 ; het arrest van 26 februari 1633 van de Raad van Henegouwen is afgedrukt in : L. Devillers, *Quelques chartes concernant les possessions de l'Ordre de Saint-Jean-de-Jérusalem dans le Hainaut*, in : „ACAM", 12, 1875, p. 410-415, inzonderheid p. 413).

De schandpaal bevond zich op een stuk land nabij de grote weg in 1767. Toen liet commandeur Jean-André-Hercule de Rosset de Fleury er alleszins een nieuwe schandpaal oprichten. De paal was gekapt in arduin en bekroond met een wapenvaantje met de wapens van de Orde en van commandeur de Rosset (L. Devillers, *Cartulaire des possessions de l'Ordre de Saint-Jean-de-Jérusalem dans le Hainaut et le Cambrésis*, in : „ACAM", 6, 1865, p. 61 en 64 ; E. M[atthieu], *Piloris*, in : „Jadis", 11, 1907, p. 42 ; H. Hasquin e.a., *Gemeenten van België*, dl. IV, p. 2747). De oprichting had plaats te zamen met deze van Sars-la-Bruyère, die thans nog gedeeltelijk wordt bewaard te Frameries (zie aldaar H.43 en H.45). De vormgeving van beide palen was vermoedelijk identiek, zodat de schacht van deze paal waarschijnlijk ook balkvormig was, versierd met lijstwerk en met een gestileerde leeuwekop in halfreliëf.

### ● H.81. MORLANWELZ

Deelgemeente : Carnières.
Thans : prov. Henegouwen, arr. Thuin.
Eertijds : graafschap Henegouwen.

**Bewaarde schandpaal van Carnières**

Thans bewaard te **Morlanwelz**, Morlanwelz-Mariemont (H.82) (zie aldaar).

### □ H.82. MORLANWELZ (afb. 39)

Deelgemeente : Morlanwelz-Mariemont.
Thans : prov. Henegouwen, arr. Thuin.
Eertijds : graafschap Henegouwen.

**Bewaarde schandpaal van Carnières**

*A. Huidige opstelling*

In het lapidarium (ex-Orangerie) van het *Musée royal de Mariemont* (inv. nr. III.A.294).

*B. Herkomst en historisch overzicht*

(a) Afkomstig van de heerlijkheid Carnières.
(b) Waarschijnlijk opgericht door Jean-François de Chasteler, markies van Courcelles, heer van Carnières (leenverhef in 1737 tot zijn dood op 25 september 1764), of Jean-Gabriël-Joseph-Albert de Chasteler, de laatste heer (†1825) (Th. Lejeune,

*Histoire et Archéologie du canton de Binche*, in : „DRSPAC", 6, 1873, p. 306). De heerlijkheid Carnières behoorde met alle rechtsmacht vanaf de 16de eeuw achtereenvolgens aan de families Senzeilles, Roxhelée, Montjoye, Druyn, van Rosey, Lynden, Mirlicht, Maillard, Boele, Sart en ten slotte de Chasteler (H. Hasquin e.a., *Gemeenten van België*, dl. III, p. 1662).

(c) Oprichtingsdatum : waarschijnlijk einde 18de eeuw.

(d) Oorspronkelijke opstelling : op de *Place du Sablon* (d.i. het huidige dorpsplein) aan de voet van één der kastanjelaars (nabij de trap die naar de *Rue Dufonteny* leidt) (A.M., *Le pilori de Carnières*).

(e) Opgravings- en heroprichtingskroniek :
Na in de Franse Tijd waarschijnlijk te zijn beschadigd, werd de paal door Ferdinand-Joseph Bughin, meier en vervolgens burgemeester van Carnières van 1779-1827, op zijn hoeve ('Ferme Bughin') te Waressaix bewaard. In 1811 verhuisde de paal mee naar de nieuw verworven woonst, de 'Ferme Moulin' te Waressaix. In 1905 schonk de toenmalige eigenaar, Paul Bughin, de schandpaal aan dhr. Raoul Warocqué, die toen kasteeleigenaar van Mariemont was en een verwoed verzamelaar van oudheden (A.M., *Le pilori de Carnières* ; A.B.J., *Piloris*, p. 69). De paal bleef in de verzamelingen van het kasteel, ook nadat het een museum was geworden (zie ook : *De Warocqués*, p. 39 nr. 185 en Dossier, p. 69 met afb. van oude postkaart).

*C. Beschrijving en afmetingen*

Achthoekige zuilkaak. Arduin.
Globale hoogte : 3,14 meter.

(a) Bekroning : verdwenen.

(b) Schacht : een vrij massieve achthoekige schacht (diameter onderaan : 41 cm ; bovenaan : 36 cm), met profilering onderaan (op 67 cm hoogte) en bovenaan uitlopend in een uitgewerkt kapiteel met profileringen.
Een leeuwekop als houder van het thans verdwenen halsijzer prijkt nog midden op de zuil. Er zijn nog enkele gaten, vermoedelijk voor ketens, zichtbaar aan de voorzijde.

(c) Basis : één vierkante trede van 1,02 op 0,97 meter ; wellicht is dit enkel de zichtbare bovenkant van een grotere vierkante kubus.

*D. Specifieke bibliografie*

A.B.J., *Piloris*, in : „Jadis", 11, 1907, p. 69 ; A.M., *Le pilori de Carnières*, in : „Les Feuillets Carnièrois", 1974, nr. 6 ; P. De Win, *Een aspect*, p. 108 nr. 79 ; Idem, *In het kader : de schandstrafinstrumenten*, p. 155 nr. 79 ; Idem, *Schandstraffen in België* (doct. diss.), dl. II-A, nr. 211 (H.82) (afb.) ; Idem, *Kaakstraf in België*, p. 35 nt. 64 ; F. Moens en P. De Win, *Hainaut*, p. 155 ; *De Warocqués (1802-1917) : van integraal kapitalisme tot filantroprie*, Brussel, A.R.A. 1995, tentoonst.cat., p. 39 nr. 185 en Dossier, r. 2, IX, p. 69 (afb. oude postkaart). Met dank aan de museumdirectie voor de gedetailleerdheid van de verstrekte inlichtingen (in haar schrijven van 9 maart 1981).

*E. Inventaris* : bezoeken ter plaatse in 1982 en 1989.

*F. Foto's* : P.D.W. 1989 ; Musée royal de Mariemont 1981.

## □ H.83. MORLANWELZ (afb. 40)

Deelgemeente : MORLANWELZ-MARIEMONT.
Thans : prov. Henegouwen, arr. Thuin.
Eertijds : graafschap Henegouwen.

### BEWAARDE SCHANDPAAL VAN LAVAUX-SAINTE-ANNE

*A. Huidige opstelling*

In het lapidarium (ex-Orangerie) van het *Musée royal de Mariemont* (inv. nr. III.A.295bis).

*B. Herkomst en historisch overzicht*

(a) Afkomstig van de heerlijkheid LAVAUX-SAINTE-ANNE (prov. Namen, N.25).

(b) Waarschijnlijk opgericht door de familie de Rouveroy, die de heerlijkheid bezat van 1630 tot het einde van de 18de eeuw, waarna de heerlijkheid door huwelijk in het bezit kwam van de prinsen van Gavre. De heren bezaten er de drie graden van rechtsmacht (NEMERY, p. 104-107 met editie van het denombrement d.d. 3 april 1630).
Mogelijk stond er reeds tevoren een oudere schandpaal op het dorpsplein (NEMERY, p. 95 nt. 3).

(c) Oprichtingsdatum : alleszins in de 17de-18de eeuw, mogelijk reeds omstreeks 1634 naar aanleiding van de verbouwing van het kasteel en de verplaatsing van het dorpsplein.

(d) Oorspronkelijke opstelling : op het nieuwe dorpsplein (vanaf de 17de eeuw), aan de zuidzijde, ongeveer halverwege tussen de oude brug over de rivier Wimbre en de huidige kerk, op de plaats die nog „le chapiteau" wordt geheten (NEMERY, p. 95).

(e) Opgravings- en heroprichtingskroniek :
De paal werd eerst overgebracht naar de binnenkoer van het kasteel in de 19de eeuw (cf. vermeld door P.C., p. 375-376 in 1894). In 1905 werd hij door Caroline Van Volxem en haar echtgenoot, Alfred Orban, geschonken aan dhr. Raoul Warocqué, de toenmalige eigenaar van het kasteel van Mariemont, voor zijn verzameling. De paal bleef in de verzamelingen van het kasteel, ook nadat het een museum was geworden (THIBAUT DE MAISIÈRES, p. 522 ; NEMERY, p. 95 ; zie ook : *De Warocqués*, p. 39 nr. 185 en Dossier, p. 69 met afb. van oude postkaart).

*C. Beschrijving en afmetingen*

Cilindrische zuilkaak. Arduin.
Globale hoogte : 3,90 meter.

(a) Bekroning : verdwenen.

(b) Schacht : een massieve cilindrische zuil, samengesteld uit vijf blokken van 43 cm diameter. Het halsijzer is nog bewaard gebleven.
Hoogte : 3,50 meter.

(c) Basis : een korte, achthoekige trede, geplaatst op een vierkante plaat van 86 op 76 cm.
De hoogte van het geheel is 40 cm.

*D. Specifieke bibliografie*

A.B.J., *Piloris*, in : „Jadis", 11, 1907, p. 69 ; R. DESART en L. QUIÉVREUX, *Perles et Curiosités des communes belges*, Zinnik, 1966, p. 25 ; P. DE WIN, *Een aspect*, p. 108 nr. 80 ; IDEM, *In het kader : de schandstrafinstrumenten*, p. 155-156 nr. 80 ; IDEM, *Schandstraffen in België* (doct. diss.), dl. II-A, nr. 212 (H.83) (afb.) ; F. MOENS en P. DE WIN, *Hainaut*, p. 155 ; E. NEMERY, *La seigneurie de Lavaux-Sainte-Anne du XVI^e^ siècle à la fin de l'Ancien Régime*, in : „ASAN", 48, 1955, p. 41-112, vnl. 94-95 ; P.C., *Les piloris*, in : „Annales de la Société d'Archéologie de Bruxelles", 8, 1894, p. 375-376 ; M. THIBAUT DE MAISIÈRES, *Le château de Lavaux-Sainte-Anne et ses constructeurs*, in : *Études d'Histoire et d'Archéologie Namuroises dédiées à Ferdinand Courtoy*, Namen, 1952, dl. II, p. 522 ; J. VAN OVERSTRAETEN, *Gids voor Wallonië en het groothertogdom*, Antwerpen, 1958, p. 216 ; *De Warocqués (1802-1917) : van integraal kapitalisme tot filantroprie*, Brussel, A.R.A. 1995, tentoonst.cat., p. 39 nr. 185 en Dossier, r. 2, IX, p. 69 (afb. van oude postkaart).

Met dank aan de museumdirectie voor de gedetailleerdheid van de verstrekte inlichtingen (in haar schrijven van 9 maart 1981).

*E. Inventaris* : bezoeken ter plaatse in 1982 en 1989.

*F. Foto's* : P.D.W. 1989 ; Musée royal de Mariemont 1981.

## □ H.84. MORLANWELZ (afb. 41)

Deelgemeente : MORLANWELZ-MARIEMONT.
Thans : prov. Henegouwen, arr. Thuin.
Eertijds : graafschap Henegouwen.

### BEWAARDE SCHANDPAAL VAN DE HEERLIJKHEID DEN DAAL TE BELLINGEN

*A. Huidige opstelling*

In het lapidarium (ex-Orangerie) van het *Musée royal de Mariemont* (inv. nr. III.A.293, omschreven als „le pilori de Ledaelen à Bellinghen").

*B. Herkomst en historisch overzicht*

(a) Afkomstig van de heerlijkheid DEN DAAL te Pepingen-Bellingen (prov. Brabant, B.66).
(b) Waarschijnlijk opgericht door Karel-Frans-Jozef van Hoobrouck de Tewalle (1753-1801) (zie : EVERAERT en BOUCHERIJ, p. 133-134).
(c) Oprichtingsdatum : vermoedelijk eind 18de eeuw.
(d) Oorspronkelijke opstelling : nabij het kasteel Den Daal te Bellingen.
(e) Opgravings- en heroprichtingskroniek :
In 1873 werd de schandpaal nog nabij het kasteel Den Daal te Bellingen gesignaleerd (EVERAERT en BOUCHERIJ, p. 133). Vermoedelijk kwam de paal omstreeks 1905 in het bezit van dhr. Raoul Warocqué, de toenmalige eigenaar van het kasteel van Mariemont en een verwoed verzamelaar van oudheden. De paal behoort sedertdien tot de verzamelingen van het kasteel, dat later een museum werd (zie ook : *De Warocqués*, p. 39 nr. 185 en Dossier, p. 69 met afb. van oude postkaart).

*C. Beschrijving en afmetingen*

Getrapte achthoekige zuilkaak. Arduin.
Globale hoogte : 4,40 meter.

(a) Bekroning : verdwenen.
(b) Schacht : een verjongende, achthoekige zuil, bestaande uit drie trappen (de onderste is kort met profilering onderaan ; de tweede is eveneens vrij kort en het bovenste stuk is vrij lang), uitlopend in een achthoekig kapiteel.
Op ca. 1,50 meter hoogte prijkt een primitief gekapte leeuwekop met de bevestigingsring voor het thans verdwenen halsijser nog in de bek.
Hoogte van de zuil : 3,50 meter (onderste twee trappen : elk 60 cm ; bovenste trap : 210 cm ; kapiteel : 20 cm), versmallend van 38 naar 27 cm diameter.
(c) Basis : op een rechthoekige trede (vermoedelijk niet origineel) staat een massieve kubus, bovenaan voorzien van afgesneden hoeken (87 × 87 × 87 cm). In deze kubus staat de schacht geplant.

*D. Specifieke bibliografie*

P. De Win, *Een aspect*, p. 100 nr. 78 ; Idem, *In het kader : de schandstrafinstrumenten*, p. 155 nr. 78 ; Idem, *Schandstraffen in België* (doct. diss.), dl. II-A, nr. 213 (H.84) (afb.) ; Idem, *Schandpalen Edingen*, p. 166-169 (afb.) ; L. Everaert en J. Boucherij, *Geschiedenis van Klein Waalsch Brabant*, Antwerpen, 1878, p. 133-134 ; F. Moens en P. De Win, *Hainaut*, p. 155 ; *De Warocqués (1802-1917) : van integraal kapitalisme tot filantroprie*, Brussel, A.R.A. 1995, tentoonst.cat., p. 39 nr. 185 en Dossier, r. 2, IX, p. 69 (afb. oude postkaart). Met dank aan de museumdirectie voor de gedetailleerde inlichtingen (in haar schrijvcn van 9 maart 1981).

*E. Inventaris* : bezoeken ter plaatse in 1982 en 1989.

*F. Foto's* : P.D.W. 1989 ; Musée royal de Mariemont 1981.

## □ H.85. MORLANWELZ (afb. 42)

Deelgemeente : Morlanwelz-Mariemont.
Thans : prov. Henegouwen, arr. Thuin.
Eertijds : graafschap Henegouwen.

**Bewaarde schandpaal van Leval**

*A. Huidige opstelling*

In het lapidarium (ex-Orangerie) van het *Musée royal de Mariemont* (inv. nr. III.A.295).

*B. Herkomst en historisch overzicht*

(a) Afkomstig van de heerlijkheid Leval te Leval-Trahegnies (zie H.8).
(b) Vermoedelijk opgericht door de familie Prévôt, die de heerlijkheid Leval met alle rechtsmacht als een leen van de graven van Henegouwen bezat. Toch is dit niet zeker, omdat het Huis de Ligne als heer van Épinois (1602-1689) aldaar eveneens een heerlijkheid bezat die zich uitstrekte over Leval en Trahegnies (zie : H. Hasquin e.a., *Gemeenten van België*, dl. III, p. 2245-2246 ; zie ook : Th. Lejeune,

*Histoire et archéologie du canton de Binche : Leval-Trahegnies*, in : „DRSPAC", 6, 1873, p. 341-343).

In de 16de eeuw (vóór 1567) stond er aldaar vóór de kerk allleszins een kaak, bestaande uit een overdekte houten constructie met een openschuifbare plank, waarin vier uitsparingen voor de hoofden van de veroordeelden waren aangebracht. Deze kaak staat met twee andere toestellen, nl. van Épinois en Ressaix, getekend op een oud plan (Bergen, A.É., C. & P., nr. 23 ; zie ook : *Binche, huit siècles d'Histoire*, tentoonst.cat., Binche, 1972, p. 10-11 nr. 54). Het gaat hier hoogstwaarschijnlijk om de schandpaal van de heerlijkheid Épinois te Leval.

Op 7 juni 1680 bracht de Raad van Henegouwen een advies uit aan de Geheime Raad inzake een proces tussen de prins de Ligne, heer van Épinois, en de familie Prévôt, heer van Leval, wegens een omgegooide schandpaal te Leval (E. M[atthieu], *Piloris*, in : „Jadis", 11, 1907, p. 70, met foutieve interpretatie ; dit advies ging in 1940 te zamen met het grootste deel van het archief van de Raad van Henegouwen verloren ; het is enkel nog terloops vermeld in : Bergen, A.É., Manuscrits divers, nr. 234, casus 234).

(c) Oprichtingsdatum : waarschijnlijk in de 17de-18de eeuw.

(d) Oorspronkelijke opstelling : onbekend.

(e) Opgravings- en heroprichtingskroniek :

De paal stond tot 1805 aan de 'Ferme de la Cointe' te Leval-Trahegnies. In 1905 werd hij door dhr. B. Rousseaux geschonken aan dhr. Raoul Warocqué, toenmalige eigenaar van het kasteel van Mariemont en verwoed verzamelaar van oudheden (volgens inscriptie op het metalen plaatje, aangebracht op de schacht) (zie ook : *De Warocqués*, p. 39 nr. 185 en Dossier, p. 69 met afb. van oude postkaart).

*C. Beschrijving en afmetingen*

Cilindrische zuilkaak (achthoekige mengvorm). Arduin.
Globale hoogte : 3,40 meter.

(a) Bekroning : verdwenen.

(b) Schacht : op een 85 cm hoge achthoekige sokkel (45 cm diameter) verheft zich een enigszins verjongende cilindrische schacht (van 42 cm naar 36 cm diameter), uitlopend in een zwaar kapiteel met ronde dekplaat (67 cm diameter), onderaan versierd met een tandmotief. Op ca. 1,60 meter hoogte : een gat voor de bevestigingsring van het halsijzer.

Een metalen plaatje met naam van de schenker (zie *supra*) werd in 1905 op de schacht aangebracht.

(c) Basis : verdwenen.

*D. Specifieke bibliografie*

P. De Win, *Een aspect*, p. 108 nr. 81 ; Idem, *In het kader : de schandstrafinstrumenten*, p. 155-156 nr. 81 ; Idem, *Schandstraffen in België* (doct. diss.), dl. II-A, nr. 214 (H.85) (afb.) ; E. M[atthieu], *Piloris*, in : „Jadis", 11, 1907, p. 70 ; F. Moens en P. De Win, *Hainaut*, p. 155 ; *De Warocqués (1802-1917) : van integraal kapitalisme tot filantroprie*, Brussel, A.R.A. 1995, tentoonst.cat., p. 39 nr. 185 en Dossier, r. 2, IX, p. 69 (afb. van oude postkaart).

Met dank aan de museumdirectie voor de gedetailleerdheid van de verstrekte inlichtingen (in haar schrijven van 9 maart 1981).

*E. Inventaris* : bezoeken ter plaatse in 1982 en 1989.

*F. Foto's* : P.D.W. 1989 ; Musée royal de Mariemont 1981.

### □ (?) **H.86. MORLANWELZ** (afb. 43-44)

Deelgemeente : Morlanwelz-Mariemont.
Thans : prov. Henegouwen, arr. Thuin.
Eertijds : graafschap Henegouwen.

#### Mogelijke kaakresten

Het gaat hier om resten, bewaard in het lapidarium (ex-Orangerie) van het *Musée royal de Mariemont* (inv. nr. III.A.317).

Beide restanten zijn mogelijk ooit schandpaalbekroningen geweest en stellen een leeuw voor als houder van een heerlijk wapen, in beide gevallen een bisschoppelijk of abtswapen. Beide restanten hebben dezelfde afmetingen, nl. hoogte : 95 cm, breedte : 52 cm en diepte : 42 cm (zie ook : P. De Win, *Een aspect*, p. 108 nrs. 82-83 ; Idem, *In het kader : de schandstrafinstrumenten*, p. 156 nrs. 82-83 ; Idem, *Schandstraffen in België* (doct. diss.), dl. II-A, nr. 215 (H.86) (afb.) ; F. Moens en P. De Win, *Hainaut*, p. 156).

Volgens de museuminventaris zijn beide fragmenten afkomstig van het kasteel van Lembeek (thans Halle, prov. Brabant), dat in 1972 werd afgebroken (zie : *Bouwen door de eeuwen heen in Vlaanderen*, dl. 2n, Gent, 1975, p. 342).

*Inventaris* : bezoeken ter plaatse in 1982 en 1989.

*Foto's* : P.D.W. 1989 ; Musée royal de Mariemont 1986.

### ⊗ **H.87. MOUSCRON (MOESKROEN)**

Deelgemeente : Dottignies (Dottenijs).
Thans : prov. Henegouwen, arr. Moeskroen.
Eertijds : graafschap Vlaanderen.

#### Verdwenen schandpaal van Dottenijs

Langsheen de weg Doornik-Kortrijk stond de schandpaal van Dottenijs nabij de *Chemin de la Justice*, zoals blijkt uit een kaart van 1760-90 (nr. 59) (A. Vanneste, *Notes historiques sur Dottignies*, in : „Handelingen van de Koninklijke Geschied- en Oudheidkundige Kring van Kortrijk", n.r., 17, 1938, p. 106). De schandpaal stond dus bij de 'ijzeren barrière' op het kruispunt van de steenweg van Doornik naar Kortrijk met deze van Dottenijs naar Spiere ([...], *Waar 't vliegen wilt*, in : „Rond den Heerd", 4, 1869, p. 249 ; L. L. De Bo, *Westvlaamsch Idioticon*, Gent, 1890, p. 745 ; M. V[an] N[ierop], *Aan de Kaak*, in : „De Standaard", d.d. 9 augustus 1977).

Tijdens W.O.I werd de schandpaal omgehakt en tot brandhout herleid door de inwoners van Dottenijs, zodat het klaarblijkelijk nog om een houten schandpaal van het zuiltype ging (brief van dhr. M. D'Hondt d.d. 8 november 1982).

De heerlijkheid Dottenijs was een leen van de graven van Vlaanderen. Vanaf

1572 tot omstreeks 1701 was de familie Richardot er heer, waarna de heerlijkheid overging in de handen van de familie de Jonghe en ten slotte in deze van de familie Bertout (H. HASQUIN e.a., *Gemeenten van België*, dl. III, p. 1786-1787).

## ⊗ H.88. MOUSCRON (MOESKROEN) (afb. 45)

Deelgemeente : MOESKROEN.
Thans : prov. Henegouwen, arr. Moeskroen.
Eertijds : graafschap Vlaanderen.

### VERDWENEN SCHANDPAAL VAN MOESKROEN

Op een kaartje van Moeskroen omstreeks 1740 staan kerk en plein afgebeeld. Tegenover de groene „vierschaere" midden op het plein staat de schandpaal van het graafschap. Hij heeft de vorm van een paal met wapenvaan (KORTRIJK, R.A., Fonds d'Ennetières, nr. 1169 ; afb. : C. DEPAUW, *Het stadhuis van Moeskroen*, in : „Driemaandelijks Tijdschrift van het Gemeentekrediet van België", 44, 1990, nr. 171, p. 4).

Uit bewaarde rekeningen a° 1589-95 blijkt dat brouwer Thiery le Veugle werd betaald „pour ung quesne pour faire un pillorin". Het was dus een houten paal. Op 13 mei 1655 staat aangegeven dat „un nouveau pilori fut planté sur la place de Mouscron" (A.-M. COULON, *Histoire de Mouscron d'après les documents authentiques*, Kortrijk, 1890-1891, dl. I, p. 86-87).

In een vonnis d.d. 9 oktober 1598 uitgesproken tegen een man die van toverij werd verdacht en uit wanhoop zelfmoord pleegde in zijn cel, werd gestipuleerd dat het lijk o.m. diende gesleept te worden „à l'entour du pilorit de ladite seigneurie" (A.-M. COULON, *o.c.*, dl. II, p. 583-584). Ook in 1631 en 1729 is er sprake van veroordelingen tot lijfstraffen respectievelijk „au pilory de ceste seigneurie et comté" en „aen het peloren van desen graefschepe" (A.-M. COULON, *o.c.*, dl. I, p. 97-98).

De heerlijkheid Moeskroen hing af van het grafelijke leenhof van Harelbeke. Zij behoorde met alle rechtsmacht eerst aan het Huis van Leuven en vanaf 1332 aan de familie de la Barre om in 1592 in handen te komen van de familie de Liedekerke. In 1627 werd Moeskroen verheven tot graafschap ten voordele van Ferdinand de Liedekerke. Na een kort intermezzo in het bezit te zijn geweest van de familie de Basta kwam het via huwelijk in 1682 uiteindelijk aan de markies d'Ennetières, wiens nakomelingen het hielden tot aan de Franse Tijd (H. HASQUIN e.a., *Gemeenten van België*, dl. IV, p. 2457-2459).

NEUFVILLES : zie SOIGNIES, Neufvilles (H.116)

NOIRCHAIN : zie FRAMERIES, Noirchain (H.44)
⇒ thans te ÉCAUSSINNES, Écaussinnes-d'Enghien (H.31)

NOUVELLES : zie MONS, Nouvelles (H.79)

OBOURG : zie MONS, Mons-Obourg (H.77)

*Opzullik* : zie SILLY

ORCQ : zie TOURNAI, Orcq (H.119)

PAPEGNIES : zie SILLY, Gondregnies (H.106)

⊗ **H.89. PECQ** (afb. 46)

Deelgemeente : Pecq.
Thans : prov. Henegouwen, arr. Doornik.
Eertijds : Doornikse en Frans-Vlaanderen.

Verdwenen schandpaal van Pecq

Op een plan, getekend door Fr.-Em. Van Dael d.d. 14 juli 1766 naar aanleiding van een proces tussen de baron en de pastoor van Pecq, staat er een schandpaal afgebeeld op het dorpsplein vóór de kerkhoftoegang en kerkingang.

De schandpaal van het zuiltype staat op één trede en is bekroond met een wapenvaantje (Bergen, A.É., C. & P., nr. 1533).

Pecq werd in 1612 verheven tot baronie ten voordele van Jacques de Langlée. Via een erfdochter kwam de heerlijkheid met alle rechtsmacht vervolgens in handen van de familie de Lalaing en ten slotte in deze van de prinsen van Salm (H. Hasquin e.a., *Gemeenten van België*, dl. IV, p. 2582-2583).

⊗ **H.90. PÉRUWELZ**

Deelgemeente : Brasménil.
Thans : prov. Henegouwen, arr. Doornik.
Eertijds : graafschap Henegouwen.

Verdwenen schandpaal van Brasménil

Thans verwijst enkel de *Rue du Pilori* nog naar het vroegere bestaan van een schandpaal aldaar (*Le Patrimoine monumental de la Belgique. Wallonie*, dl. VI-1, Luik, z.j., p. 275).

■ **H.91. PÉRUWELZ** (afb. 47)

Deelgemeente : Péruwelz.
Thans : prov. Henegouwen, arr. Doornik.
Eertijds : graafschap Henegouwen.

Bewaarde schandpaal van Péruwelz

*A. Huidige opstelling*

In het stadspark Edouard Simon (*Rue Albert I*).

*B. Herkomst en historisch overzicht*

(a) Afkomstig van de heerlijkheid Péruwelz.
(b) Waarschijnlijk opgericht door de familie de Croÿ-Solre, die de landerijen, het kasteel en de heerlijkheid Péruwelz met alle rechtsmacht vanaf 1641 tot aan de Franse Tijd in haar bezit had (H. Hasquin e.a., *Gemeenten van België*, dl. IV, p. 2588-2589 ; zie ook : L.-A.-J. Petit, *Histoire de la ville de Péruwelz*, in : „MPSSALH", r. 3, 6, 1871, p. 97-216).
(c) Oprichtingsdatum : (?) 16de-17de eeuw (volgens A.C.L.-documentatie) ; m.i. eerder 17de-18de eeuws (na 1641).
(d) Oorspronkelijke opstelling : op de *Grand-Place* (alleszins ca. 1780 : Philippart, dl. I, p. 60).

(e) Opgravings- en oprichtingskroniek :
Vermoedelijk werd de paal in de Franse Tijd omvergeworpen en verminkt. Hij stond alleszins reeds lange tijd in het stadspark opgesteld, toen hij in 1958 bij de bouw van het zwembad door de aannemer werd omvergereden en in stukken brak. In 1959 werd hij gerestaureerd en vervolgens terug opgesteld (cf. briefwisseling met het gemeentebestuur anno 1959 ; de breuklijn is overigens nog steeds zichtbaar aan de voet).

*B. Beschrijving en afmetingen*

Zeshoekige zuilkaak. Arduin.

(a) Bekroning : verdwenen.
(b) Schacht : enkel het onderste gedeelte van de zuil bleef bewaard, nl. een zeshoekig stuk van ca. 1,50 meter hoogte en 25 cm diameter met profilering onderaan. Bovenaan prijkt een leeuwekop (vgl. DELMELLE, p. 170 : „face de diable") in halfreliëf met de bevestigingsring voor het verdwenen halsijzer nog in de bek.
(c) Basis : verdwenen.

*D. Specifieke bibliografie*

J. BATAILLE en Ph. SEYDOUX, *Châteaux et Manoirs du Hainaut*, z.pl.n.j. [1979], p. 131 ; J. DELMELLE, *Les discrètes séductions de Péruwelz*, in : „HT", nr. 166, 1974, p. 169-170 (afb.) ; P. DE WIN, *Een aspect*, p. 108 nr. 84 ; IDEM, *In het kader : de schandstrafinstrumenten*, p. 156 nr. 84 ; IDEM, *Schandstraffen in België* (doct. diss.), dl. II-A, nr. 219 (H.90) (afb.) ; F. MOENS, *Schandpalen*, p. 277 ; F. MOENS en P. DE WIN, *Hainaut*, p. 156 ; S. PHILIPPART, *À Péruwelz : le château-fantôme*, in : „HT", nr. 113, 1965, p. 210 (afb.) ; IDEM, *Péruwelz au fil du temps*, dl. I, Péruwelz, 1973, p. 58 (afb.) en 60.

*E. Inventaris* : bezoek ter plaatse in 1982.

*F. Foto's* : P.D.W. 1982 ; A.C.L. A.81183 (1945).

## ⊗ H.92. PÉRUWELZ

Deelgemeente : WIERS.
Thans : prov. Henegouwen, arr. Doornik.
Eertijds : graafschap Henegouwen.

### VERDWENEN SCHANDPAAL VAN WIERS

Op het dorpsplein stond er een schandpaal opgesteld, die evenwel in de Franse Tijd werd omvergeworpen. Tot omstreeks 1880 was er nog een soort basis bewaard met bovenaan een uitsparing (hoogstwaarschijnlijk voor het inplanten van de schacht). Deze basis verdween bij wegeniswerken (J. RENARD, *Excursion du Cercle archéologique à Wiers le 1er août 1895*, in : „ACAM", 27, 1897, p. 37-38 ; L. VERRIEST, *Régime seigneurial*, p. 335-336 nt. 7).

Vermoedelijk gaat het hier om de schandpaal van de heerlijkheid Wiers zelf, die ressorteerde onder de graaf van Henegouwen. Het zou evenwel ook om de schandpaal van de heerlijkheid Biez kunnen gaan, de belangrijkste heerlijkheid op het grondgebied Wiers, die met alle graden van rechtsmacht achtereenvolgens in handen was van de families de Werchin, de Melun, de Rohan en vanaf 1785 van Anne-Emmanuel-

Ferdinand de Croÿ-Solre, heer van Condé en Péruwelz (zie : J. Renard, *o.c.*, p. 1-46 ; H. Hasquin e.a., *Gemeenten van België*, dl. IV, p. 3066-3067).

**Petit-Enghien** : zie Enghien, Petit-Enghien (H.36)

**Petit-Rœulx-lez-Nivelles** : zie Seneffe, Petit-Rœulx-lez-Nivelles (H.105)

**Pipaix** : zie Leuze-en-Hainaut, Pipaix (H.63)

**Quartes** : zie Tournai, Quartes (H.120)

## ■ (?) H.93. QUÉVY

Deelgemeente : Asquillies.
Thans : prov. Henegouwen, arr. Bergen.
Eertijds : graafschap Henegouwen.

**Bewaarde (kaak-?)basis te Asquillies**

Op het voormalige kerkhof rond de kerk wordt een ca. 40 cm hoge achthoekige sokkel met vierkant grondplan bewaard. Op de afgeschuinde bovenkant staat een vrijwel onleesbaar geworden inscriptie in gotisch schrift. In het midden is een vierkante uitsparing van ca. 10 × 10 cm voor de inplanting van een schacht zichtbaar.

Dit restant is wel eens omschreven als een overblijfsel van een kaak (E.J. Soil de Moriamé, *Inventaire Mons*. IV. *Arr. Mons, cant. Mons*, nr. 812 p. 148 : „Restes d'un pilori, classé par la Commission royale des Monuments" ; volgens het gemeentebestuur zou het om dit fragment gaan (brief d.d. 18 augustus 1982) ; zie ook : P. De Win, *Een aspect*, p. 108 nr. 85 ; Idem, *In het kader : de schandstrafinstrumenten*, p. 156 nr. 85 ; Idem, *Schandstraffen in België* (doct. diss.), dl. II-A, nr. 221 (H.92) met afb. ; F. Moens en P. De Win, *Hainaut*, p. 156).

Het lijkt me thans zeer betwijfelbaar of dit een kaakrest is. Waarschijnlijk gaat het eerder om de basis van een graf- of ongelukskruis, zoals blijkt uit de inscriptie, die vermoedelijk enigszins als volgt luidde : „[Cy gist... Priez Dieu] p[our s']ames".

*Inventaris* : bezoek ter plaatse in 1982.

*Foto's* : P.D.W. 1982 ; A.C.L. A.95560.

## ⊗ H.94. QUÉVY

Deelgemeente : Givry.
Thans : prov. Henegouwen, arr. Bergen.
Eertijds : graafschap Henegouwen.

**Verdwenen schandpaal van Givry**

Er bestond aldaar een schandpaal (L. Verriest, *Régime seigneurial*, p. 335-336 nt. 7).

Givry behoorde met alle rechtsmacht oorspronkelijk toe aan de Benedictijnerabdij van St.-Pieters te Hautmont (H. Hasquin e.a., *Gemeenten van België*, dl. III, p. 1958-1959), al werd dit recht in 1703-1705 hardnekkig betwist door Charles-Louis-Antoine de Hennin-d'Alsace, prins van Chimay, die zich opwierp als de enige hoge-rechtsmachthouder te Givry in hoofde van zijn functie als voogd over de hoge heerlijkheid van Avesnes te Givry. De prins van Chimay riep in dat hij er steeds een schandpaal had staan als symbool van zijn rechtsmacht — al was dit monumentje op dat ogenblik wegens de oorlogsomstandigheden juist verdwenen! —, terwijl de abdij steeds nagelaten had haar rechtssymbolen te planten. Uiteindelijk werden de rechten van de abdij in der minne erkend op 6 november 1705 (A. GOSSERIES, *Rapport sur l'excursion faite à Givry par le Cercle archéologique de Mons*, in : „ACAM", 30, 1901, vnl. p. 395-401).

■ **H.95. QUÉVY** (afb. 48)

Deelgemeente : HAVAY.
Thans : prov. Henegouwen, arr. Bergen.
Eertijds : graafschap Henegouwen.

BEWAARDE SCHANDPAAL VAN HAVAY

*A. Huidige opstelling*

Tegen de kerkhofmuur nabij de toegang tot kerkhof en kerk, aan de straatzijde.

*B. Herkomst en historisch overzicht*

(a) Afkomstig van de heerlijkheid HAVAY.
(b) Waarschijnlijk opgericht door de familie de Croÿ-Havré, vermits de voornaamste heerlijkheid te Havay afhing van het land en hertogdom Havré, dat van 1518 tot 1792 in handen van deze familie was (H. HASQUIN e a., *Gemeenten van België*, dl. III, p. 2052-2053).
(c) Oprichtingsdatum : waarschijnlijk in de 17de-18de eeuw.
(d) Oorspronkelijke opstelling : vermoedelijk midden op het dorpsplein nabij de kerk.
(e) Opgravings- en heroprichtingskroniek :
Na hoogstwaarschijnlijk in de Franse Tijd te zijn omvergeworpen en verminkt, bleef uiteindelijk alleen nog een deel van de basis over. Die werd in de 19de eeuw als roepsteen aangewend (DE WIN, *Hoever*, p. 105 ; IDEM, *Roepstenen*, p. 77 nr. 15).

*C. Beschrijving en afmetingen*

Zuilkaak.

(a) Bekroning : verdwenen.
(b) Schacht : verdwenen. Waarschijnlijk een getrapte achthoekige zuil met wapenvaantje in top.
(c) Basis : een zware vierkante steen (hoogte : ca. 60 cm ; bovenkant : 96 × 96 cm) met in het midden bovenaan een vierkant gat voor het inplanten van de schacht (van 30 × 30 cm).

*D. Specifieke bibliografie*

P. DE WIN, *Een aspect*, p. 83 nt. 3, p. 98 nt. 130 en p. 108 nr. 86 ; IDEM, *In het kader : de schandstrafinstrumenten*, p. 144 nt. 4 en p. 156 nr. 86 ; IDEM, *Hoever staat het*, p. 105 ; IDEM, *In het kader : roepstenen*, p. 77 nr. 15 ; IDEM,

*Schandstraffen in België* (doct. diss.), dl. II-A, nr. 223 (H.94) (afb.) ; F. Moens en P. De Win, *Hainaut*, p. 156 ; E. J. Soil de Moriamé, *Inventaire Mons. IV. Arr. Mons, cant. Mons*, p. 192.

*E. Inventaris* : bezoek ter plaatse in 1982.

*F. Foto's* : P.D.W. 1982.

## ⊗ H.96. QUÉVY

Deelgemeente : Quévy-le-Grand.
Thans : prov. Henegouwen, arr. Bergen.
Eertijds : graafschap Henegouwen.

### Verdwenen schandpaal van de heerlijkheid van het kapittel van Sainte-Waudru te Quévy-le-Grand

Op 2 januari 1686 gaf het kapittel van Sainte-Waudru (Sinte-Waldetrudis) van Bergen aan zijn baljuw toelating om de schandpaal aldaar, te zamen met deze op de *Place du Béguinage* te Bergen, opnieuw in orde te brengen (L. Devillers, *Cartulaire du Béguinage de Cantimpret à Mons*, in : „ACAM", 6, 1865, p. 210 nt. 1).

Evenals de schandpaal op de *Place du Béguinage* te Bergen was ook deze kaak vervaardigd uit een jonge eik. Hij had een cilindrische schacht en was bekroond met een vaantje met de wapenkleuren van het kapittel (meegedeeld door dhr. A. Mahieu, Frameries, evenwel zonder bronvermelding).

Het kapittel bezat te Quévy-le-Grand een heerlijkheid met alle rechtsmacht (H. Hasquin e.a., *Gemeenten van België*, dl. IV, p. 2644-2645).

## ⊗ H.97. QUIÉVRAIN

Deelgemeente : Audregnies.
Thans : prov. Henegouwen, arr. Bergen.
Eertijds : graafschap Henegouwen.

### Verdwenen schandpaal van Audregnies

Tot na W.O.II bevond zich op de *Place Communale* van Audregnies nog het restant van de basis, 98 cm in het vierkant, van de oude schandpaal. Hij stond opgesteld op één van de uiteinden van het plein (E. J. Soil de Moriamé, *Inventaire Mons. IV. Arr. Mons, cant. Mons*, p. 84). Omstreeks 1948 verdween dit relict onder het wegdek bij de aanleg van de tramlijn Dour-Quiévrain (meegedeeld door het gemeentebestuur ; cf. F. Moens en P. De Win, *Hainaut*, p. 156).

De heerlijkheid Audregnies behoorde met alle rechtsmacht achtereenvolgens toe aan de families de Harchies, de Lannoy (15de eeuw), de Revel (16de eeuw), de Roisin (16de eeuw), de Preumontaulx (16de-17de eeuw), de Béthencourt (17de eeuw), de Fontaine (begin 18de eeuw) en de Baillencourt (1722). De laatste heer was de graaf de la Barre in 1792 (H. Hasquin e.a., *Gemeenten van België*, dl. III, p. 1473).

## ⊗ H.98. QUIÉVRAIN

Deelgemeente : Baisieux.
Thans : prov. Henegouwen, arr. Bergen.
Eertijds : graafschap Henegouwen.

### Verdwenen schandpaal van Baisieux

Er werd een schandpaal opgericht te Baisieux door de heer van Quiévrain als symbool van zijn rechtsmacht aldaar (E. M[atthieu], *Piloris*, in : „Jadis", 11, 1907, p. 70 ; Th. Bernier, *Quiévrain. Étude de géographie et d'histoire locales suivie de la chronologie historique des seigneurs de ce village*, Angre-Bergen, 1886, p. 17-18).

Mogelijk is de paal die afgebeeld staat op een prent in de *Albums de Croÿ*, de schandpaal van de heerlijkheid (ed. J.-M. Duvosquel, *Albums de Croÿ*, dl. VI, *Comté de Hainaut*, III, Brussel, 1990, p. 154-155 en Pl. 55).

De heerlijkheid Baisieux behoorde met alle graden van rechtsmacht tot het Land van Quiévrain (families d'Aspremont, de Lalaing, de Bretagne, de Croÿ, d'Arenberg) (H. Hasquin e.a., *Gemeenten van België*, dl. III, p. 1496 ; zie ook : Th. Bernier, *o.c.*, p. 17 en 29-48).

## ⊗ H.99. QUIÉVRAIN

Deelgemeente : Quiévrain.
Thans : prov. Henegouwen, arr. Bergen.
Eertijds : graafschap Henegouwen.

### Verdwenen schandpaal van Quiévrain

De heer van het Land van Quiévrain liet in iedere heerlijkheid onder zijn jurisdictie een schandpaal oprichten, vermoedelijk bekroond met zijn wapens, als symbool van zijn heerlijke rechtsmacht.

De schandpaal te Quiévrain werd op 28 april 1792 omvergeworpen (E. M[atthieu], *Piloris*, in : „Jadis", 11, 1907, p. 70 ; Th. Bernier, *Quiévrain. Étude de géographie et d'histoire locales suivie de la chronologie historique des seigneurs de ce village*, Angre-Bergen, 1886, p. 12 en 17-18 ; P. De Win, *Kaakstraf in België*, p. 31).

Mogelijk is de paal die afgebeeld staat op een prent in de *Albums de Croÿ*, de schandpaal van de heerlijkheid (ed. J.-M. Duvosquel, *Albums de Croÿ*, dl. VI, *Comté de Hainaut*, III, Brussel, 1990, p. 150-151 en Pl. 53).

De heerlijkheid van het Land van Quiévrain was achtereenvolgens in handen van de families d'Aspremont, de Lalaing, de Bretagne, de Croÿ, d'Arenberg. De heer van Quiévrain bezat er alle graden van rechtsmacht (H. Hasquin e.a., *Gemeenten van België*, dl. IV, p. 2646-2647 ; Th. Bernier, *o.c.*, p. 29-48).

**Ressaix** : zie Binche, Ressaix (H.9)

**Roisin** : zie Honnelles, Roisin (H.50)

**Ronquières** : zie Braine-le-Comte, Ronquières (H.15)

**Rouveroy** : zie Estinnes, Rouveroy (H.39)

⊗ **H.100. SAINT - GHISLAIN**

Deelgemeente : Baudour.
Thans : prov. Henegouwen, arr. Bergen.
Eertijds : graafschap Henegouwen.

**Verdwenen schandpaal van Baudour**

Op de baljuwsrekeningen van Baudour voor 1547 wordt de oprichting van een schandpaal als volgt vermeld : „Pour avoir faict planter ung pilori au lieu dudit Baudour a esté payer a Benis Brougnart pour la fachon et plantaige ... XX s. À Philppot, serurier, demorant en la ville de Mons, pour ung coller de fer pour aladite estache ou pillori mettre à cause que l'autre avoit estre dessrobé et araché de nuyct ... L s." (Brussel, A.R.A., Rekenkamer, nr. 15009, rek. anno 1547, f° 16 r° ; cf. E. M[atthieu], *Piloris*, in : „Jadis", 11, 1907, p. 70).

De heerlijkheid was één van de 12 pairschappen van het graafschap Henegouwen en behoorde aan de graaf, tot zij van de 12de eeuw tot 1335 in handen kwam van de familie de Jauche (van Geten). Zij keerde terug in vorstelijk bezit tot 1629, op een korte periode eind 15de-begin 16de eeuw na. Vanaf 1629 werd de heerlijkheid verpand aan Karel-Filips de Croÿ hertog van Havré en vanaf 1655 tot aan de Franse Tijd kwam het goed in het bezit van het geslacht de Ligne (H. Hasquin e.a., *Gemeenten van België*, dl. III, p. 1517-1518 ; zie ook : J. Rolland, R. Ghiste en J. Berland, *Baudour, terre et pairie. Son histoire*. I. *Toponymie et seigneurie*, Baudour, 1937, vnl. p. 124-125).

De bovengenoemde schandpaal werd dus opgericht in de periode dat de heerlijkheid tot het vorstelijk domein behoorde.

■ **H.101. SAINT - GHISLAIN** (afb. 49-50)

Deelgemeente : Saint-Ghislain.
Thans : prov. Henegouwen, arr. Bergen.
Eertijds : graafschap Henegouwen.

**I. Bewaarde schandpaalrest van Saint - Ghislain** (afb. 49)

*A. Huidige opstelling*

Nabij de ingang van de sportpleinen aan de *Rue de l'Abbaye*.

*B. Herkomst en historisch overzicht*

(a) Afkomstig van de heerlijkheid Saint-Ghislain.

(b) Opgericht door één van de abten van Saint-Ghislain, die tevens heren van de heerlijkheid Saint-Ghislain waren tot aan de afschaffing van de abdij op 1 september 1796 (de Bettignies, p. 215 ; zie ook : D. Van Overstraeten, *Un code pénal hennuyer de la fin du moyen-âge : la loi de chef-lieu pour Saint-Ghislain et Hornu (1411)*, in : „Annales du Cercle d'Histoire et d'Archéologie de Saint-Ghislain et de la région", 1, 1972, p. 21-37).
Er stond alleszins een kaak op de Grote Markt op het einde van de 16de eeuw, getuige het plan van Pierre Le Poivre (Brussel, Kon. Bibl., Hs. 19611 ; afb. : Lelièvre en Van Overstraeten, Pl. VI en p. 329 ; M. Honnis, *Saint-Ghislain.*

*Choses et autres du passé. Histoire-Folklore-Souvenirs*, Saint-Ghislain, 1984, p. 12).

Volgens G. Lelièvre werd evenwel de achterkant van de thans verdwenen openbare fontein uit 1785 op de Grote Markt als kaak aangewend (*Saint-Ghislain. Cartes postales d'autrefois*, Brussel, 1973, Pl. 6).

(c) Oprichtingsdatum : waarschijnlijk in de 17de-18de eeuw.

(d) Oorspronkelijke opstelling : vermoedelijk op de *Grand-Place* (cf. een plan van eind 16de eeuw door Pierre Le Poivre ; zie *supra*).

(e) Opgravings- en heroprichtingskroniek :

De paal werd waarschijnlijk in de Franse Tijd verwijderd en gedeponeerd nabij de abdijgebouwen.

In de 19de of 20ste eeuw werd hij heropgericht en eerst omgebouwd tot een schuilplaats tegen zon of regen door het aanbrengen van een metalen scherm. Na W.O.II kwam de zuil zonder kap op zijn huidige plaats terecht (cf. schrijven van het gemeentebestuur d.d. 17 januari 1958).

*C. Beschrijving en afmetingen*

Cilindrische zuilkaak. Hardsteen.

Globale hoogte van het restant : ca. 1,70 meter.

(a) Bekroning : thans verdwenen. Slechts de bevestigingspin is nog zichtbaar.

Mogelijk had deze bekroning het uitzicht van een berin als houdster van het heerlijk wapen (cf. nog bewaard in de *Musées Chanoine Puissant* te Bergen : zie sub Mons, Mons, H.73.I) .

Sommige auteurs menen evenwel dat de schandpaal door een adelaar bekroond was (de Bettignies, p. 210 nt. 2 ; Godet, p. 96) ; in dat geval fungeerde de adelaar als houder van het wapen (cf. tekening van zegel bij de Bettignies, p. 220).

(b) Schacht : een eenvoudige cilindrische zuil met profilering onder- en bovenaan. Hoogte : ca. 1,70 meter.

(c) Basis : opgesteld op één cilindrische trede, die thans verzonken is en waarschijnlijk niet oorspronkelijk is. Mogelijk werd de zuil oorspronkelijk gecombineerd met de 'berinnebasis' (zie *infra* sub II).

*D. Specifieke bibliografie*

P. De Win, *Een aspect*, p. 109 nr. 88 ; Idem, *In het kader : de schandstrafinstrumenten*, p. 156 nr. 88 ; Idem, *Schandstraffen in België* (doct. diss.), dl. II-A, nr. 229 (H.100.I) (afb.) ; G. Lelièvre en D. Van Overstraeten, *Topographie de la ville de Saint-Ghislain au* xvi*e* *siècle*, in : „ACAM", 66, 1965-67, p. 311-342 en Pl. I-VIII, vnl. p. 329 en Pl. III en VI ; F. Moens, *Schandpalen*, p. 277 ; F. Moens en P. De Win, *Hainaut*, p. 156.

*E. Inventaris* : bezoek ter plaatse in 1982.

*F. Foto's* : P.D.W. 1982 ; A.C.L. A.78794.

**II. Bewaarde (kaak-?)basis** (afb. 50)

Volgens bepaalde auteurs zou het hier gaan om een onderdeel van de schandpaal van Saint-Ghislain (de Bettignies, p. 210 ; O.B., p. 21 ; Godet, p. 96 ; Honnis, p. 259-260 ; *contra* : Lelièvre, Pl. 6).

Mogelijk was het beeldhouwwerk eerder de basis van een soort markt- of vrijheidskruis, zoals er een alleszins in de 16de eeuw op de markt stond opgesteld (cf. plannen, afgebeeld in : LELIÈVRE en VAN OVERSTRAETEN, p. 329 en Pl. III en VI).

*A. Huidige opstelling*

Op de *Grand-Place* vóór de ruïne van de oude abdijkerktoren in een plantsoentje.

*B. Herkomst en historisch overzicht*

(a) Afkomstig van de heerlijkheid SAINT-GHISLAIN.

(b) Opgericht door de stedelijke overheid (schepenen) en heerlijke bezitters, nl. de abten van Saint-Ghislain, die er tevens als heren alle graden van rechtsmacht bezaten tot aan de Franse Tijd (DE BETTIGNIES, p. 215).

(c) Oprichtingsdatum : waarschijnlijk uit de 17de-18de eeuw (vgl. *Patrimoine monumental*, dl. IV, p. 565 : mogelijk 16de-eeuws).

(d) Oorspronkelijke opstelling : op de *Grand-Place* nabij stadhuis en abdijkerk.

(e) Opgravings- en heroprichtingskroniek :

In de 19de eeuw en het begin van de 20ste eeuw lag het restant naast de kerk op de *Grand-Place* (DE BETTIGNIES, p. 210 anno 1867 ; O.B., p. 21 anno 1929 ; ROLLAND en CHARPENTIER, p. 81 anno 1930 ; SOIL DE MORIAMÉ, p. 42 nr. 210 anno 1931). Na W.O.II werd het restant eerst overgebracht naar de ingang van de sportterreinen (*Rue de l'Abbaye*), waar ook de schandpaalschacht een plaatsje kreeg (zie *supra* sub I) (volgens schrijven van het gemeentebestuur d.d. 17 januari 1958), vervolgens naar het gemeentelijk park (GODET, p. 96 anno 1968) en recent terug naar de *Grand-Place*.

*C. Beschrijving en afmetingen*

Zuilkaak. Graniet.

(a) Bekroning : verdwenen. De schandpaal zou eertijds bekroond zijn met een adelaar (DE BETTIGNIES, p. 210 nt. 2 ; GODET, p. 96) (zie *supra* sub I).

(b) Schacht : verdwenen, met uitzondering van de aanzet op de rug van de stenen berin.

Deze aanzet is een achthoekig stuk met vierkant inspringend restant waarin zich een hechtingsgat bevindt.

Mogelijk stond hierboven oorspronkelijk de nog bewaarde schandpaalschacht (zie *supra* sub I) ingeplant.

(c) Basis : een beeldhouwwerk met voorstelling van een berin, die twee beertjes zoogt, één aan elke zijde. Op de rug van de berin de aanzet van een zuil. Op de sokkel „URSIDUNGUS" (1,10 meter breed).

*D. Specifieke bibliografie*

J. CETTE, *À découvrir : le nouveau Saint-Ghislain*, in : „HT", nr. 212, 1982, p. 93-94 (afb.) ; Ch. DE BETTIGNIES, *Compte rendu de l'excursion du Cercle archéologique à Saint-Ghislain*, in : „ACAM", 7, 1867, p. 210 (tek.) ; P. DE WIN, *Een aspect*, p. 109 nr. 87 ; IDEM, *In het kader : de schandstrafinstrumenten*, p. 156 nr. 87 ; IDEM, *Schandstraffen in België* (doct. diss.), dl. II-A, nr. 229 (H.100.II) (afb.) ; A. GALLEZ, *Arbre-médecine et pierre-fétiche en Hainaut*, in : „HT", nr. 77, 1959, p. 17 (afb.) ; J. GODET, *Saint-Ghislain où gîte l'ourse de pierre*, in :

„HT", nr. 128, 1968, p. 96 (afb. p. 99) ; M. HONNIS, *Saint-Ghislain. Choses et autres du passé. Histoire-Folklore-Souvenirs*, Saint-Ghislain, 1984, p. 258-260 (afb.) ; G. LELIÈVRE, *Saint-Ghislain. Cartes postales d'autrefois*, Brussel, 1973, Pl. 6 ; G. LELIÈVRE en D. VAN OVERSTRAETEN, *Topographie de la ville de Saint-Ghislain au XVI$^{e}$ siècle*, in : „ACAM", 66, 1965-67, p. 311-342 en Pl. I-VIII, vnl. p. 329 en Pl. III en VI ; G. MEERSSEMAN, *Vorm en Betekenis*, p. 98-99 ; F. MOENS, *Schandpalen*, p. 277 ; F. MOENS en P. DE WIN, *Hainaut*, p. 156 ; O.B., *Saint-Ghislain*, in : „BTCB", 35, 1929, p. 21 ; *Le Patrimoine monumental de la Belgique. Wallonie*, dl. IV, Luik, 1975, p. 565 ; [...], *Piloris*, in : „Jadis", 2, 1898, p. 109-110 ; E. POUMON, *Le Borinage touristique et littéraire*, in : „HT", nr. 166, 1974, p. 179 (afb.) ; J. ROLLAND en J. CHARPENTIER, *Histoire de la ville de Saint-Ghislain*, Saint-Ghislain, 1930, p. 81 ; E. J. SOIL DE MORIAMÉ, *Inventaire Mons. IV. Arr. Mons, cant. Mons*, p. 42 nr. 210.

*E. Inventaris* : bezoek ter plaatse in 1982.

*F. Foto's* : P.D.W. 1982 ; A.C.L. A.78795-A.78797.

**SAINT-SYMPHORIEN** : zie MONS, Saint-Symphorien (H.79)

**SALMONSART** : zie BRAINE-LE-COMTE, Braine-le-Comte (H.11)

**SARS-LA-BRUYÈRE** : zie FRAMERIES, Sars-la-Bruyère (H.45)
⇒ thans bewaard te FRAMERIES, Frameries (H.42) (zie aldaar)

## (● ?) H.102. SENEFFE

Deelgemeente : ARQUENNES.
Thans : prov. Henegouwen, arr. Charleroi.
Eertijds : hertogdom Brabant.

### SCHANDPAAL VAN ARQUENNES

Deze schandpaal zou nog bewaard zijn te Feluy (volgens J. W[EYNS], *De schandpaal van het oude Land en Vrijheid van Heist*, in : „'t Zwaantje", 3, 1953, p. 39), maar dit is m.i. betwijfelbaar, gezien de mondelinge overlevering betreffende de nog bewaarde schandpaal te Feluy (zie aldaar).

Arquennes en Feluy behoorden in 1681 (jaartal op de bekroning van de weergevonden kaak van Feluy) alleszins aan dezelfde heer uit het geslacht de Glimes de Berghes (zie : H. HASQUIN e.a., *Gemeenten van België*, dl. III, p. 1455 en 1862). Arquennes was zelfs ten voordele van Godevaart de Berghes, graaf van Grimbergen, in 1625 tot baronie verheven. Vermoedelijk stond er eveneens een schandpaal te Arquennes, maar van deze kaak werd geen spoor teruggevonden.

## □ (?) H.103. SENEFFE

Deelgemeente : FAMILLEUREUX.
Thans : prov. Henegouwen, arr. Charleroi.
Eertijds : graafschap Henegouwen.

(?) **Bewaarde schandpaal van Bois d'Haine**

Volgens de mondelinge overlevering zou de basis die thans nog in de tuin van het kasteel van Familleureux bewaard wordt, afkomstig zijn van de schandpaal van Bois d'Haine (F. Moens, *Schandpalen*, p. 276 ; F. Moens en P. De Win, *Hainaut*, p. 156 ; zie ook : P. De Win, *Een aspect*, p. 109 nr. 89 ; Idem, *In het kader : de schandstrafinstrumenten*, p. 156 nr. 89 ; Idem, *Schandstraffen in België* (doct. diss.), dl. II-A, nr. 231 (H.102) met afb.).

Volgens informatie ter plaatse vergaard, werd het restant omstreeks 1930 door dhr. Carton de Familleureux overgebracht van Bois d'Haine naar zijn huidige opstellingsplaats (brief van dhr. A. Graux, Feluy, d.d. 23 juli 1982). Het zou dan moeten gaan om jonkheer Albert-Adolphe-Ghislain Carton de Familleureux (1853-1933). Hij was de laatste mannelijke telg van de adellijke tak van deze familie, die tijdens het Ancien Régime de heerlijkheid Familleureux bezat. Hij bewoonde ook het kasteel van Familleureux (*État présent de la Noblesse du Royaume de Belgique*, dl. III, Brussel, 1961, p. 59).

Volgens de A.C.L.-documentatie (foto A.37447 uit 1943) zou de kaakbasis van ca. 1680 dateren. Het gaat om een steen op vierkant grondplan die snel uitloopt in een achthoek, waarvan de bovenzijde een tekst rondom voert alsook een gat voor de inplanting van een schacht (hoogte : ca. 35 cm ; breedte : ca. 50 cm).

M.i. wijst de vormgeving evenwel eerder in de richting van de basis van een graf- of ongelukskruis, wat door de inscriptie nog wordt benadrukt. Dhr. Graux spreekt trouwens ook van een ongelukskruis dat door de eigenaar omstreeks 1930 werd overgebracht van Bois d'Haine naar Familleureux.

De twee voornaamste heerlijkheden te Bois d'Haine (Bois d'Haine zelf en La Motte) waren vanaf de 16de eeuw alleszins in het bezit van de vorst (H. Hasquin e.a., *Gemeenten van België*, dl. III, p. 1586-1587).

## ■ H.104. SENEFFE (afb. 51-52)

Deelgemeente : Feluy.
Thans : prov. Henegouwen, arr. Charleroi.
Eertijds : graafschap Henegouwen.

**Bewaarde schandpaal van Feluy**

*A. Huidige opstelling*

In 'Château de la Rocq' (privé-bezit). De schacht en de bekroning stonden lange tijd in het kasteeldomein aan de binnenkant van het poortgebouw opgesteld. Ze zijn thans in restauratie evenals de rest van het kasteel.

Recente opgravingen brachten een trede van de schandpaal aan het licht, die perfect blijkt aan te sluiten bij de schacht. Daarmee wordt een hardnekkige mondelinge overlevering ontkracht die de steen aan het Sint-Annakapelletje op het snijpunt van de *Chaussée de Marché* en de *Chemin des Écaussinnes* aanwijst als de sokkel van de kaakschacht. De afmetingen van beide elementen stemmen trouwens niet overeen, zoals dhr. Decoster heeft uitgezocht. De schandpaal zal na een restauratiebeurt in het kasteelpark worden opgesteld.

Volgens Courtain (p. 77) zouden trede en schacht bij elkaar passen, maar zou de bekroning niet tot de schandpaal behoord hebben. Hij baseert zich daarvoor inzonderheid op de onverenigbaarheid van de vierkante basis van de bekroning en de achthoekige bovenkant van de schacht. Hij vergeet daarbij evenwel dat er tussen schacht en bekroning oorspronkelijk nog een kapiteel was aangebracht ; dat onderdeel ging evenwel verloren. Zijn tweede argument dat een dergelijke heraldische leeuw met wapenschild als bekroning van een schandpaal ongebruikelijk was, valt enkel toe te schrijven aan zijn gebrek aan kennis betreffende andere schandpalen. M.i. gaat het hier wel degelijk om een kaakbekroning, die mogelijk bij de nog bewaarde schandpaal paste.

*B. Herkomst en historisch overzicht*

(a) Afkomstig van de heerlijkheid Feluy (vgl. J. W[eyns], *De schandpaal van het oude Land en Vrijheid van Heist*, in : „'t Zwaantje", 3, 1953, p. 39 : hij meent dat het de schandpaal van Arquennes was ; zie *supra* H.102).

(b) Waarschijnlijk opgericht, volgens het jaartal op de bekroning, door Filips-Frans de Glimes de Berghes, graaf van Grimbergen, baron van Arquennes, gouverneur en kapitein-generaal van Henegouwen, vliesridder. Hij deed leenverhef voor Feluy in 1670 en hield het goed tot zijn dood in 1704. In 1681 was hij nog slechts graaf van Grimbergen, want hij werd eerst op 23 mei 1686 tot prins verheven (*Europäische Stammtafeln*, dl. VII, Tafel 105).
De heerlijkheid Feluy kwam na het gelijknamige geslacht in handen van tal van families, o.m. de familie de Glimes de Berghes (1659-1720), die ook de baronie van Arquennes bezat (H. Hasquin e.a., *Gemeenten van België*, dl. III, p. 1862). In een verkoopsakte uit 5 februari 1691 valt alleszins op te maken dat er een schandpaal op het dorpsplein van Feluy stond (Courtain, p. 76).

(c) Oprichtingsdatum : 1681 (volgens de inscriptie op de sokkel van de bekroning).

(d) Oorspronkelijke opstelling : op het dorpsplein („*place*"), zoals blijkt uit enkele rekeningen van 1691 en 1786 (Graux, *Feluy*, p. 61 ; Courtain, p. 76).

(e) Opgravings- en heroprichtingskroniek :
Nadat de schandpaal vermoedelijk in de Franse Tijd was ontmanteld, raakten de verschillende onderdelen her en der verspreid : schacht en bekroning werden nabij de kerk teruggevonden en een trede in de kasteeltuin.
De schacht en de bekroning werden alleszins reeds in de loop van de 19de eeuw gerecupereerd en tot één geheel samengevoegd door de eigenaar van het 'Château de la Rocq' (de Lalieux de la Rocq, p. 456 nr. 142, vermeldt deze paal reeds in 1896 ; afb. in Graux, *L'organisation communale*, p. 10bis). Opgravingen in de tuin van het kasteel in 1981 brachten een trede van de schandpaal aan het licht (Courtain, p. 71). De voorgenomen restauratie van de paal was in 1992 nog niet voltooid.

*C. Beschrijving en afmetingen*

Achthoekige zuilkaak. Arduin.
Globale hoogte : ca. 3,50 meter (oorspronkelijk ca. 4 à 4,50 meter?).

(a) Bekroning : een leeuw als houder van het heerlijkheidswapen, voorzien van een grafelijke kroon. Het is het wapen van de familie de Glimes de Berghes (alias

Bergen op Zoom) : in sinopel drie maliën van zilver, een schildhoofd van goud met drie palen van keel, in het vrijkwartier een leeuw van goud, getongd en geklauwd van keel op een veld van sabel (C. SLOOTMANS, *Jan metten Lippen*, Rotterdam-Antwerpen, 1945, p. 2-3 ; DE LALIEUX DE LA ROCQ, p. 442 nr. 118 ; J.-B. RIETSTAP, *Armorial général*, dl. I, 174 met ill. ROLLAND, dl. I, Pl. CLXXXV).
Hoogte : 93 cm ; vierkante basis van 28,5 × 28,8 cm (COURTAIN, p. 75-76).

(b) Schacht : een achthoekige zuil, met een fraai gebeitelde leeuwekop in het midden (141-94,5 cm van de bovenkant af). De onderkant is kapot, waardoor de oorspronkelijke hoogte niet exact af te leiden valt.
De leeuwekop houdt nog steeds de ketting vast, waaraan eertijds het halsijzer was bevestigd.
Hoogte : tussen 209 en 237 cm naargelang de kant ; doorsnede : tussen 28,5 à 35,5 cm (COURTAIN, p. 74-75).

(c) Basis : één achthoekige trede met perfect passend, achthoekig gat in het midden voor de inplanting van de schacht. Mogelijk waren er oorspronkelijk meerdere treden.
Hoogte : 21,5 cm ; doorsnede : 124 cm bovenaan en 115,8 cm zonder de plint (COURTAIN, p. 71).

*D. Specifieke bibliografie*

J. BATAILLE en Ph. SEYDOUX, *Châteaux et Manoirs du Hainaut*, z.pl.n.j. [1979], p. 84 ; *Le Centre*, La Louvière, 1936, p. 172-173 (afb.) ; A. COURTAIN, *Le pilori de Feluy*, in : „Société de Recherche historique et folklorique de Seneffe", 1985, nr. 2, p. 60-64 en 1985, nr. 3, p. 71-77 (afb.) ; F. DE LALIEUX DE LA ROCQ, *Épitaphier et épigraphier de Feluy*, in : „ACAM", 25, 1896, p. 456 nr. 142 ; P. DE WIN, *Een aspect*, p. 109 nr. 90 ; IDEM, *In het kader : de schandstrafinstrumenten*, p. 156 nr. 90 ; IDEM, *Schandstraffen in België* (doct. diss.), dl. II-A, nr. 232 (H.103) (afb.) ; A. GRAUX, *Feluy. L'organisation communale de Feluy du moyen-âge à nos jours*, in : „Bulletin Entité de Seneffe", 1980, nr. 3, p. 10bis (afb.) ; IDEM, *Feluy. Petite histoire des hommes, des noms de lieux*, Feluy, 1982, p. 61 ; G. MEERSSEMAN, *Vorm en Betekenis*, p. 100 ; F. MOENS, *Schandpalen*, p. 276-277 ; F. MOENS en P. DE WIN, *Hainaut*, p. 154 ; E. POUMON, *Perrons et piloris*, in : „La Revue Nationale", 33, 1961, p. 170 ; IDEM, *Châteaux en Hainaut*, Bergen, 1971, p. 31 ; P. VANDROMME, *Provincie Henegouwen in beeld*, Hasselt, 1981, p. 62 ; J. VAN OVERSTRAETEN, *Gids voor Wallonië en het groothertogdom*, Antwerpen, 1958, p. 133.

*E. Inventaris* : bezoeken ter plaatse in 1985.

*F. Foto's* : P.D.W. 1985 ; A.C.L. A.78786-A.78787 (1945), A.78799 (1945) en M.3587.

### ■ (?) **H.105. SENEFFE** (afb. 53)

Deelgemeente : PETIT-RŒULX-LEZ-NIVELLES.
Thans : prov. Henegouwen, arr. Charleroi.
Eertijds : hertogdom Brabant.

**(?) BEWAARDE SCHANDPAAL VAN PETIT-RŒULX-LEZ-NIVELLES**

Te Petit-Rœulx-lez-Nivelles wordt een wapensteen bewaard in de gevel van het huis aan de kerkuitgang langs de zijde van het dorpsplein (*Place* nr. 1). Deze steen staat niet boven de deur, maar tussen deur en venster in.

Er is niet meer uit te maken of deze steen een fragment van de vroegere schandpaal zou zijn, maar de situering van de steen in de gevel en in het geheel van het dorp laat de mogelijkheid open dat het een bekroning van een halfzuilkaak zou kunnen zijn (P. DE WIN, *Schandstraffen in België* (doct. diss.), dl. II-A, nr. 233 (H.104) met afb. ; IDEM, *De wapensteen in Petit-Rœulx-lez-Nivelles*, in : „Het Volk", d.d. 16 mei 1991 met afb.).

De steen zou afkomstig kunnen zijn van het oud kasteel aldaar, dat thans is afgebroken (ets in : J. LE ROY, *Le Grand Théâtre du Duché de Brabant*, 1730, dl. II, nr. 50 ; afb. in : H. HASQUIN e.a., *Gemeenten van België*, dl. IV, p. 2603).

De vierkante, arduinen steen van ca. 40 op 40 cm stelt in halfreliëf een gevierendeeld wapen voor : 1 en 4 van sabel met een leeuw van goud, geklauwd en getongd van keel, 2 en 3 van zilver met een gekarteld kruis van azuur, het schild getopt met een gekroonde helm, gehouden door twee eenhoorns en omhangen met de ordeversierselen van het Gulden Vlies.

Dit wapen hoorde toe aan Hendrik van Witthem, heer van Beersel (†17 september 1515), en tevens heer van Petit-Rœulx-lez-Nivelles via zijn echtgenote, Isabella van der Spout (†10 juni 1503), die de erfrechten bij huwelijkscontract had verkregen van haar vader, Bernard van der Spout (†1498) (zie o.m. P. DE WIN, *Witt(h)em, Hendrik (III) van*, in : „Nationaal Biografisch Woordenboek", dl. XIV, Brussel, 1992, kol. 774-780 ; C. MERTENS, *Le château féodal de Beersel et ses seigneurs*, Brussel, 1942, p. 52-57 ; afb. van zijn wapen : C. BUTKENS, *Trophées tant sacrées que prophanes du duché de Brabant*, dl. III, Den Haag, 1726, p. 219). De heerlijkheid Petit-Rœulx-lez-Nivelles was een heerlijkheid met alle graden van rechtsmacht, in leen gehouden van de hertog van Brabant : BRUSSEL, A.R.A., Leenhof van Brabant, nr. 21, f° 5 v°-6 r°).

De wapensteen dateert dus alleszins uit de periode tussen 1491 (zijn opneming in het Gulden Vlies) en 1515 (zijn dood) en waarschijnlijk na 1498 (dood van schoonvader) en zelfs na 1503 (dood van zijn echtgenote, wat het ontbreken van haar wapen zou verklaren).

*Inventaris* : bezoek ter plaatse in 1983.

*Foto's* : P.D.W. 1983.

*'s-Gravenbrakel* : zie BRAINE-LE-COMTE

□ ? **H.106. SILLY** (Opzullik) (afb. 54)

Deelgemeente : GONDREGNIES.
Thans : prov. Henegouwen, arr. Zinnik.
Eertijds : graafschap Henegouwen.

**BEWAARDE SCHANDPAAL TE GONDREGNIES**

*A. Huidige opstelling*

In het domein van het kasteel van Morval, *Rue Morval* 1 (privé-bezit).

*B. Herkomst en historisch overzicht*

(a) Waarschijnlijk afkomstig van de heerlijkheid PAPEGNIES te Gondregnies.

(b) De oprichter is niet met zekerheid bekend, vermits de herkomst niet geheel zeker is en Gondregnies tijdens het Ancien Régime verschillende heerlijkheden op zijn grondgebied kende, o.m. de heerlijkheid Papegnies, die zich uitstrekte over Gondregnies en Fouleng. Deze heerlijkheid was in de 18de eeuw in handen van de familie de Vinchant, tevens heren van Morval vanaf 1768 tot de Franse Tijd (zie : H. HASQUIN e.a., *Gemeenten van België*, dl. III, p. 1970 ; E. MATTHIEU, *La féodalité en Hainaut. La pairie de Silly et ses fiefs*, Leuven, 1891). Waarschijnlijk werd de paal dan ook opgericht door Philippe-Joseph-Alexandre-Étienne de Vinchant, heer van Morval en Papegnies (†Papegnies, 23 november 1786) (zie : „Annuaire de la Noblesse de Belgique", 1854, p. 225).

(c) Oprichtingsdatum : waarschijnlijk eind 18de eeuw.

(d) Oorspronkelijke opstelling : vermoedelijk op het dorpsplein.

(e) Opgravings- en heroprichtingskroniek :
Onbekend. Het kasteel van Morval werd in de 19de eeuw opgetrokken door de familie de Preud'homme d'Hailly (BATAILLE en SEYDOUX, p. 90), die de paal vermoedelijk in de buurt vond en overbracht naar het kasteeldomein. Het domein zelf was door huwelijk en erfenis van de familie de Vinchant in het bezit van de familie de Preud'homme d'Hailly terechtgekomen. Op dezelfde wijze kwam het via de familie Tahon de la Motte uiteindelijk in handen van de familie d'Oultremont. Graaf Emile d'Outremont (1831-1896) evenals zijn zoon Maurice (1871-1936) waren burgemeester van Gondregnies (zie o.m. „Annuaire de la Noblesse de Belgique", 1854, p. 225-226, 1860, p. 244, 1878, p. 252-253 ; *État présent de la Noblesse du Royaume de Belgique*, dl. XIV, Brussel, 1966, p. 255-258).

*C. Beschrijving en afmetingen*

Achthoekige zuilkaak. Arduin.
Globale hoogte : ca. 4,50 meter.

(a) Bekroning : een bol op voet, nog getooid met het ijzerwerk voor het aanbrengen van een ijzeren wapenvaantje (waarschijnlijk versierd met het wapen van de familie de Vinchant).
Hoogte : ca. 1,5 meter.

(b) Schacht : een achthoekige zuil met profilering onderaan. Op twee tegenover elkaar liggende zijden is een primitieve leeuwekop in halfreliëf aangebracht, ongeveer op 160 meter hoogte vanaf de basis ; bij één van hen bungelen nog stukken van een ketting aan een bevestigingsring uit de bek. Het achthoekig kapiteel ging grotendeels verloren.
Hoogte : 3 meter ; breedte van elk vlak : ca. 12 cm.

(c) Basis : thans bleef nog één achthoekige trede bewaard.
Elke zijde meet 35 cm.

*D. Specifieke bibliografie*

J. BATAILLE en Ph. SEYDOUX, *Châteaux et manoirs du Hainaut*, z.pl.n.j. [1979], p. 90.

*E. Inventaris* : bezoek ter plaatse in 1993.

*F. Foto's* : P.D.W. 1993.

## ■ H.107. SILLY (Opzullik) (afb. 55-56)

Deelgemeente : GRATY.
Thans : prov. Henegouwen, arr. Zinnik.
Eertijds : graafschap Henegouwen.

### BEWAARDE SCHANDPAAL VAN GRATY

*A. Huidige opstelling*

In het domein van het kasteel van Graty nabij de conciërgewoning aan de toegangsweg tot het kasteel. De paal is privé-bezit.

*B. Herkomst en historisch overzicht*

(a) Afkomstig van de heerlijkheid GRATY.

(b) Waarschijnlijk opgericht door de familie de Marbaix, heren van Hove (zie aldaar sub SILLY, Hoves, H.109) en Graty (1750-1792) (zie H. HASQUIN e.a., *Gemeenten van België*, dl. III, p. 1997 en 2121).
Er stond reeds tevoren een schandpaal aldaar, in ieder geval reeds vóór 1567. Dit blijkt uit een rekening uit 1567-68 met vermelding van een betaling voor twee wapenbaniertjes en het nodige ijzerwerk voor de schandpalen van Graty en Desprets ; het gaat hier hoogstwaarschijnlijk om houten palen (TEMPERMAN, p. 30).

(c) Oprichtingsdatum : waarschijnlijk eind 18de eeuw (vgl. TEMPERMAN, p. 30 : begin 18de eeuw).

(d) Oorspronkelijke opstelling : vermoedelijk op het dorpsplein, ook al gezien de gelijkenis met de hekpalen van het kasteel (vgl. TEMPERMAN, p. 29-30).

(e) Opgravings- en heroprichtingskroniek :
Omvergeworpen in de Franse Tijd, werd hij eerst heropgericht door dhr. de Marbaix de Graty in zijn weide nabij het kasteel. Later is de paal gebroken en in stukken terechtgekomen nabij de mestput van de hoeve 'Long Bois', waar zij door dhr. de Bournonville, de toenmalige kasteeleigenaar, in 1944 werden gerecupereerd. Hij richtte de paal opnieuw op in de kasteeltuin (TEMPERMAN, p. 29-30).

*C. Beschrijving en afmetingen*

Balkvormige zuilkaak. Arduin (Zinnikse steen, volgens TEMPERMAN, p. 30).
Globale hoogte : 2,50 meter.

(a) Bekroning : een bol van 25 cm diameter. Deze is mogelijk origineel.

(b) Schacht : een balkvormige zuil met cannelures.
Hoogte : 2,50 meter ; breedte : 30 cm.
In het midden van de zuil prijkt een grote, mooi gebeeldhouwde kop in halfreliëf (leeuwekop? saterkop?) met in de mond een gat waar de bevestigingsring voor het thans verdwenen halsijzer in zat.

(c) Basis : verdwenen. Thans staat de paal op één vierkante trede.

*D. Specifieke bibliografie*

J. BATAILLE en Ph. SEYDOUX, *Châteaux et manoirs du Hainaut*, z.pl.n.j. [1979], p. 92 (afb.) ; P. DE WIN, *Een aspect*, p. 98 nt. 132-132 p. 99 nt. 133 en p. 109 nr. 91 ; IDEM, *In het kader : de schandstrafinstrumenten*, p. 144 nt. 5-7 en p. 156 nr. 91 ; IDEM, *Schandstraffen in België* (doct. diss.), dl. II-A, nr. 234 (H.105) (afb.) ; IDEM, *Schandpalen Edingen*, p. 222-224 (afb.) ; F. MOENS en P. DE WIN, *Hainaut*, p. 154-155 (afb.) ; H. TEMPERMAN, *Piloris Enghien*, p. 29-30 (afb.).

*E. Inventaris* : bezoeken ter plaatse in 1982 en 1993.

*F. Foto's* : P.D.W. 1982 en 1993.

## ■ H.108. SILLY (Opzullik) (afb. 57)

Deelgemeente : HOVES (Hove).
Thans : prov. Henegouwen, arr. Zinnik.
Eertijds : graafschap Henegouwen.

### BEWAARDE SCHANDPAALREST VAN DE HEERLIJKHEID BALINGHE TE HOVE

*A. Huidige opstelling*

Op de grens van de gemeenten Hove en Graty, aan de rand van de z.g. *Prairie du Pilori*, niet ver van de 'Ferme de Balinghe' (zie ook : TEMPERMAN, p. 27 : Popp-kaart, perceel 615 sectie D). Het restant is privé-bezit.

*B. Herkomst en historisch overzicht*

(a) Afkomstig van de heerlijkheid BALINGHE te Hove.

(b) Opgericht door de heren van Balinghe. Balinghe was een achterleen van het Land van Edingen. Jean-François de la Barre, heer van Balinghe, had in 5 januari 1702 de hoge rechtsmacht over de heerlijkheid bekomen vanwege de heren van het Land van Edingen, de hertogen van Arenberg (TEMPERMAN, p. 27 ; NACHTERGAEL, p. 21-22).
De heerlijkheid Balinghe bleef gedurende de ganse 18de eeuw in handen van de familie de la Barre. Sebastien-Charles-Joseph, heer van Noirchain en Balinghe na de dood van zijn vader (†1 december 1788) deed leenverhef voor Balinghe op 6 augustus 1789 (zie NACHTERGAEL, p. 21-27) ; we weten dat hij alleszins een stenen schandpaal te Noirchain oprichtte (zie aldaar)...

(c) Oprichtingsdatum : alleszins in de 18de eeuw en na 5 januari 1702, mogelijk omstreeks 1789. In de gevel van een schuur van de 'Ferme de Balinghe' in de directe omgeving is de datum „1773" ingewerkt naast een schandpaalvormige tekening...

(d) Oorspronkelijke opstelling : nabij de huidige opstellingsplaats, gezien de naam van het veld (*Prairie du Pilori*) (zie ook het kaartje bij NACHTERGAEL, p. 27).

(e) Opgravings- en heroprichtingskroniek :
Waarschijnlijk werd de paal in de Franse Tijd vernield.

*C. Beschrijving en afmetingen*

Zuilkaak. Arduin.

(a) Bekroning : verdwenen.

(b) Schacht : verdwenen. Volgens het inplantingsgat in de basis was het alleszins een achthoekige zuil.
(c) Basis : een massief, arduinen blok van 85 op 85 cm bovenaan en 50 à 60 cm hoogte. Aan de bovenkant is een uitsparing zichtbaar voor de inplanting van de schacht. Het gat is achthoekig, ca. 12 cm diep en heeft een diameter van 31,5 cm (cf. TEMPERMAN, p. 27).

*D. Specifieke bibliografie*

P. DE WIN, *Een aspect*, p. 108 nr. 93 ; IDEM, *In het kader : de schandstrafinstrumenten*, p. 156 nr. 93 ; IDEM, *Schandstraffen in België* (doct. diss.), dl. II-A, nr. 235 (H.106) (afb.) ; IDEM, *Schandstraffen in het wereldlijk strafrecht*, p. 107 ; IDEM, *Schandpalen Edingen*, p. 230-232 (afb.) ; F. MOENS en P. DE WIN, *Hainaut*, p. 156 ; A. NACHTERGAEL, *Les fiefs de Hoves*, Hombeek, 1955, p. 21-22 en 27 (ook gepubliceerd in : „Tablettes du Hainaut", dl. I, p. 197 sqq.) ; H. TEMPERMAN, *Piloris Enghien*, p. 27.

*E. Inventaris* : bezoeken ter plaatse in 1982 en 1993.

*F. Foto's* : P.D.W. 1982 en 1993.

■ **H.109. SILLY** (Opzullik) (afb. 58)

Deelgemeente : HOVES (Hove).
Thans : prov. Henegouwen, arr. Zinnik.
Eertijds : graafschap Henegouwen.

**BEWAARDE SCHANDPAALREST VAN HOVE**

*A. Huidige opstelling*

Nabij de 'Ferme de Maire-Bois' te Hove. Volgens TEMPERMAN waren er aldaar nog twee stukken van de basis bewaard, maar zelf vond ik er slechts één terug, nl. het kleinste en meest intacte. Het restant is privé-bezit.

*B. Herkomst en historisch*

(a) Afkomstig van de heerlijkheid HOVE te Hove.
(b) Opgericht vermoedelijk door de familie de Marbaix, heren van Hove en Graty van 1750 tot 1792 (BOSMANS, p. 50). De heer van Hove bezat in zijn heerlijkheid te Hove alle graden van rechtsmacht, maar zijn heerlijkheid reikte niet tot het dorpsplein, dat behoorde tot het grondgebied van de heerlijkheid van het Land van Edingen te Hove (zie *infra* sub H.110). Toen de heer van Hove in het midden van de 18de eeuw een schandpaal liet oprichten op het dorpsplein, werd hem door de heer van het Land van Edingen (de hertog van Arenberg) dan ook prompt een proces aangedaan. Men kwam op 19 januari 1750 tot een overeenkomst : de heer van Hove diende zijn schandpaal elders te zetten, wat alleszins reeds gebeurde op 22 januari 1750 (BOSMANS, p. 45-49 ; NACHTERGAEL, p. 62-64 ; TEMPERMAN, p. 27-28).
(c) Oprichtingsdatum : mogelijk reeds in 1750, maar m.i. later.
(d) Oorspronkelijke opstelling : in de „Patoulstraete" nabij de *Cense du Cochet* (een thans verdwenen hoeve), d.w.z. dus buiten de dorpskern (BOSMANS, p. 48-49 ; TEMPERMAN, p. 28).

(e) Opgravings- en heroprichtingskroniek :
Vernield in de Franse Tijd, bleef er al snel niets anders meer over dan twee treden van de basis. Deze twee relicten werden na enige tijd overgebracht naar de 'Ferme de Maire-Bois'. Tot 1960 lagen beide stukken er alleszins nog (Temperman, p. 27). In 1982 vond ik enkel nog het kleinste van de twee terug, ondersteboven, vrijwel onder de grond gestopt en met gras en onkruid overgroeid. In juli 1993 lag dit stuk er nog steeds, zij het op een andere plaats en omgedraaid, met het inplantingsgat naar boven.

*C. Beschrijving en afmetingen*

Zuilkaak. Arduin.

(a) Bekroning : verdwenen. In 1750 was de pilorijn versierd met de wapenvaan van de familie d'Andelot (Temperman, p. 28), maar m.i. is de schandpaal waartoe het bewaarde restant behoort opgericht onder de familie de Marbaix, heren van Hove van 26 februari 1750 tot 1792 (Bosmans, p. 50), zodat we het raden hebben naar de juiste bekroning (vgl. met de bewaard gebleven schandpaal van Graty, die vermoedelijk door dezelfde familie opgericht werd : H.107).
(b) Schacht : verdwenen. Mogelijk cf. deze van Graty (zie *supra* sub H.107).
(c) Basis : tot 1960 waren er alleszins nog twee treden bewaard gebleven, nl. één van de vier stukken die de onderste achthoekige trede vormden (81 cm per kant en 22 cm hoog ; elk stuk was 1,39 meter lang), en de bovenste trede, die 112 cm diameter heeft, 28 cm hoog is en 43 à 44 cm per kant meet. Thans blijft slechts deze bovenste trede over. Aan de bovenzijde heeft deze trede nog een rechthoekig inplantingsgat voor de schacht van 23 op 23 cm (Temperman, p. 29).

*D. Specifieke bibliografie*

J. Bosmans, *La féodalité au pays d'Enghien*, in : „ACAE", 2, 1883-36, p. 43-50 ; P. De Win, *Een aspect*, p. 109 nr. 92 ; Idem, *In het kader : de schandstrafinstrumenten*, p. 156 nr. 92 ; Idem, *Schandstraffen in België* (doct. diss.), dl. II-A, nr. 236 (H.107) (afb.) ; Idem, *Schandstraffen in het wereldlijk strafrecht*, p. 107-108 ; Idem, *Schandpalen Edingen*, p. 227-229 (afb.) ; E. M[atthieu], *Piloris*, in : „Jadis", 11, 1907, p. 42 en 53 ; F. Moens en P. De Win, *Hainaut*, p. 156 ; A. Nachtergael, *Les fiefs de Hoves*, Hombeek, 1955, p. 62-64 (ook gepubliceerd in : „Tablettes du Hainaut", dl. I, p. 236 sqq.) ; E. J. Soil de Moriamé, *Inventaire Mons*. I. *Arr. Soignies*, p. 141 ; H. Temperman, *Piloris Enghien*, p. 27-28 (afb.).

*E. Inventaris* : bezoeken ter plaatse in 1982 en 1993.

*F. Foto's* : P.D.W. 1982 en 1993.

⊗ **H.110. SILLY** (Opzullik)

Deelgemeente : Hoves (Hove).
Thans : prov. Henegouwen, arr. Zinnik.
Eertijds : graafschap Henegouwen.

Verdwenen schandpaal van het Land van Edingen te Hove

Deze schandpaal stond opgesteld op het dorpsplein. In 1748 gaf de heer van het Land van Edingen, de toenmalige hertog van Arenberg, het bevel tot de vervanging van de verrotte houten schandpaal door een nieuw exemplaar, eveneens in hout. Meester-schrijnwerker André Boulenger voerde deze opdracht uit. Daarna werden zowel de paal zelf als het wapenvaantje geschilderd (BRUSSEL, A.R.A., Fonds Arenberg, reg. anno 1748, nr. 9989, f 120 ; cf. Y. DELANNOY, *Piloris Arenberg*, p. 403-404).

De heer van het Land van Edingen bezat te Hove een heerlijkheid met alle rechtsmacht. Deze heerlijkheid strekte zich ook uit tot het dorpsplein, zoals blijkt uit een overeenkomst tussen de heer van Edingen en de heer van Hove d.d. 19 januari 1750 (ed. J. BOSMANS, *La féodalité au pays d'Enghien*, in : „ACAE", 2, 1883-86, p. 45-48 ; A. NACHTERGAEL, *Les fiefs de Hoves*, Hombeek, 1955, p. 62-64).

● **H.111. SILLY** (Opzullik)

Deelgemeente : SILLY.
Thans : prov. Henegouwen, arr. Zinnik.
Eertijds : graafschap Henegouwen.

**BEWAARDE SCHANDPAAL VAN OPZULLIK (I)**

Eén van de twee schandpalen te Opzullik wordt thans nog bewaard te **LA LOUVIÈRE**, La Louvière (H.54) (zie aldaar).

⊗ ? **H.112. SILLY** (Opzullik) (afb. 59)

Deelgemeente : SILLY.
Thans : prov. Henegouwen, arr. Zinnik.
Eertijds : graafschap Henegouwen.

**VERDWENEN SCHANDPAAL VAN OPZULLIK (II)**

Er is sprake van een tweede schandpaal te Opzullik. Deze werd in 1900 nog bewaard in de tuin van het 'Hôtel de Ligne alias Paternostre alias Cakembergh' (genoemd naar de opeenvolgende eigenaars) op het dorpsplein van Opzullik (zie L. MELISE, *Histoire de la commune de Silly*, Bergen, 1900, p. 176 ; cf. in : „Jadis", 4, 1900, p. 179 en 11, 1907, p. 42 ; cf. L. VERRIEST, *Régime seigneurial*, p. 335-336 nt. 7).

De paal was toen in twee of drie stukken gebroken, maar de schacht was nog reconstrueerbaar.

Er bestaat een tekening van een stuk paal, gemaakt in 1937 door de heer E. Scaillon (afb. in : M. C. BRUWIER, *Aspects d'un village hennuyer : Silly, à la fin du XVI$^{e}$, du XVIII$^{e}$ et au début du XX$^{e}$ siècle*, in : „Annales du Cercle royal d'Histoire et d'Archéologie d'Ath et de la région et musées athois", 4, 1976-77, p. 168). De tekening laat een (zeshoekig?) stuk schacht zien met een (leeuwe-?) kop als halsijzerhouder en een stuk ketting hangend uit de bek (vgl. met de nog bewaarde schandpaal van Opzullik te La Louvière : H.54).

In 1960 zouden beide stukken in arduin nog in de voortuin van bovengenoemd 'hôtel' gestaan hebben (H. TEMPERMAN, *Piloris Enghien*, p. 34). Thans blijken zij zoek (zij worden zelfs niet meer vermeld in 1976-77 : M. C. BRUWIER, *o.c.*, p. 168). Enkel de nog bewaarde schandpaal te TONGEREN, Rutten (prov. Limburg, Lim.17) met twijfelachtige Henegouwse origine vertoont enige gelijkenis... (zie aldaar).

De schandpaal stond vermoedelijk eertijds opgesteld op het dorpsplein, ofwel nabij het *Bois de Ligne* en de 'Hameau de Mauvinage' (zie L. MELISE, *o.c.*, p. 113 ; C. MONNIER, *Histoire de l'abbaye de Cambron*, in : „ACAM", 17, 1884, p. 171).

De heerlijkheid Opzullik behoorde van omstreeks 1750 tot het einde van het Ancien Régime aan de familie de Ligne, die de heerlijkheid met alle rechtsmacht had verkregen van de familie de Trazegnies (H. HASQUIN e.a., *Gemeenten van België*, dl. IV, p. 2793-2794). De eertijds bewaarde brokstukken dateerden vermoedelijk uit dezelfde periode als de andere schandpaal, bewaard te La Louvière (H.54) en opgericht in 1762.

## ■ H.113. SILLY (Opzullik) (afb. 60)

Deelgemeente : THORICOURT.
Thans : prov. Henegouwen, arr. Zinnik.
Eertijds : graafschap Henegouwen.

### BEWAARDE SCHANDPAAL VAN THORICOURT

*A. Huidige opstelling*

Achteraan in het park van het kasteel van en te Thoricourt. De paal is privébezit.

*B. Herkomst en historisch overzicht*

(a) Afkomstig van de heerlijkheid THORICOURT.

(b) Opgericht, ofwel door de bouwers van het kasteel, Charles-François de la Marlière en zijn echtgenote, Marie-Thérèse de Pascal (gebouwd in 1768), ofwel door hun dochter, Isabella-Françoise de la Marlière en haar echtgenoot, Zacharias-Vincent-Obert de Quévy, die hen in 1774 opvolgden (BOURQUEMBRAY, p. 2 sqq.).
Noteren we nog dat er in 1747-58 een proces plaats vond tussen de abdij van Cambron en de toenmalige heer van Thoricourt, jonkheer Claude-François de la Marlière, die drie schandpalen had geplant op landgoederen van de abdij aan de grens tussen Cambron-Casteau en Thoricourt. De abdij won uiteindelijk het proces en de schandpalen werden verwijderd (zie MONNIER, p. 146-149 ; het procesdossier in het archief van de Raad van Henegouwen te Bergen ging verloren in 1940 ; DE WIN, *Een aspect*, p. 103 nt. 171 ; IDEM, *Schandstraffen in het wereldlijk strafrecht*, p. 172 ; E. M[ATTHIEU]., p. 42).

(c) Oprichtingsdatum : einde 18de eeuw (waarschijnlijk na 1768), wat bevestigd wordt door de klassicistische stijl van de schandpaal.

(d) Oorspronkelijke opstelling : op het dorpsplein (BOURQUEMBRAY, p. 15).

(e) Opgravings- en heroprichtingskroniek :
De paal is vermoedelijk in de loop van de 19de eeuw in het kasteelpark terechtgekomen.

*C. Beschrijving en afmetingen*

Balkvormige zuilkaak. Arduin.
Globale hoogte : ca. 4 à 5 meter.

(a) Bekroning : een bol op een versmallende en getrapte piramide. Hoogte : ca. 1 meter.

(b) Schacht : een massieve, balkvormige zuil, voorzien van brede cannelures, met bovenaan een vrij zwaar, getrapt, vierkant kapiteel (thans ernstig beschadigd aan de achterkant) en met onderaan enige profilering.
Een leeuwekop in halfreliëf siert de schacht aan de voorzijde in het midden. Het halsijzer zelf en de bevestigingsring in de bek van deze leeuwekop zijn thans verdwenen.
Hoogte : ca. 3 meter.

(c) Basis : De bovenste trede is alleszins origineel. Deze is achthoekig en enigszins afgerond. De onderste trede is vierkant gemetst en waarschijnlijk niet oorspronkelijk.

*D. Specifieke bibliografie*

J. Bataille en Ph. Seydoux, *Châteaux et manoirs du Hainaut*, z.pl.n.j. [1979], p. 154 ; Bourquembray, *Le château de Thoricourt / Het kasteel van Thoricourt*, in : „De Woonstede door de eeuwen heen / La Maison d'Hier et d'Aujourd'hui", nr. 19, sept. 1973, p. 2-19, vnl. 14-15 (afb.) ; P. De Win, *Een aspect*, p. 103 nt. 171 ; Idem, *Schandstraffen in België* (doct. diss.), dl. II-A, nr. 240 (H.111) (afb.) ; Idem, *Schandstraffen in het wereldlijk strafrecht*, p. 109 en 172 ; Idem, *Schandpalen Edingen*, p. 250-253 (afb.) ; E. M[atthieu]., *Piloris*, in : „Jadis", 11, 1907, p. 42 ; C. Monnier, *Histoire de l'abbaye de Cambron*, in : „ACAM", 17, 1884, p. 146-149.

*E. Inventaris* : bezoeken ter plaatse in 1984 en 1986.

*F. Foto's* : P.D.W. 1984 en 1986.

## ■ H.114. SOIGNIES (Zinnik) (afb. 61)

Deelgemeente : Casteau.
Thans : prov. Henegouwen, arr. Zinnik.
Eertijds : graafschap Henegouwen.

### Bewaarde schandpaal van Casteau

*A. Huidige opstelling*

Op de grens van Casteau en Saint-Denis, naast een weide, geheten *Prairie des Sartes*, aan de rand van een bos behorend tot het domein van het 'Château des Roquettes', enkele honderden meters van de *Chemin des Roquettes* af. De paal is privé-bezit.

*B. Herkomst en historisch overzicht*

(a) Afkomstig van de heerlijkheid Casteau (Heupgen, p. 472).

(b) Vermoedelijk opgericht door de familie de Bruneau, heren van de voornaamste heerlijkheid te Casteau van de 16de eeuw tot aan de Franse Tijd (H. Hasquin e.a., *Gemeenten van België*, dl. III, p. 1663).

(c) Oprichtingsdatum : waarschijnlijk in de 18de eeuw.

(d) Oorspronkelijke opstelling : vermoedelijk op of nabij de huidige opstellingsplaats.

(e) Opgravings- en heroprichtingskroniek :
Tijdens W.O.I werd de paal van zijn sokkel gestoten en gebroken (Moens en De Win, p. 154) maar kort na 1920 werd hij weer hersteld en heropgericht (cf.

brief vanwege het gemeentebestuur d.d. 20 januari 1958 ; nog niet hersteld in 1920 : HEUPGEN, p. 472).

*C. Beschrijving en afmetingen*

Achthoekige zuilkaak. Arduin.
Globale hoogte : ca. 2,60 meter.

(a) Bekroning : verdwenen. Het was waarschijnlijk een ijzeren wapenvaan.

(b) Schacht : een enigszins versmallende, achthoekige zuil met profilering aan de voet en bovenaan uitlopend in een sierlijstje, vanwaar een afgeknotte kegel begint, waaruit bovenaan een ijzeren pin steekt.
In het midden van de zuil is een holte zichtbaar, waar eens de bevestigingsring voor het halsijzer zat (boszijde).
Hoogte van de zuil : ca. 2,30 meter.

(c) Basis : een massieve kubus met afgesneden hoeken bovenaan, ca. 30 cm boven de grond uitstekend.

*D. Specifieke bibliografie*

P. DE WIN, *Een aspect*, p. 109 nr. 94 ; IDEM, *In het kader : de schandstrafinstrumenten*, p. 156 nr. 94 ; IDEM, *Schandstraffen in België* (doct. diss.), dl. II-A, nr. 241 (H.112) (afb.) ; IDEM, *Schandpalen Edingen*, p. 217-218 (afb.) ; P. HEUPGEN, *Ballades judiciaires*, p. 472 ; F. MOENS en P. DE WIN, *Hainaut*, p. 154.

*E. Inventaris* : bezoeken ter plaatse in 1982 en 1993.

*F. Foto's* : P.D.W. 1982 en 1993.

■ **H.115. SOIGNIES** (Zinnik) (afb. 62)

Deelgemeente : HORRUES.
Thans : prov. Henegouwen, arr. Zinnik.
Eertijds : graafschap Henegouwen.

**BEWAARDE SCHANDPAAL VAN HORRUES**

*A. Huidige opstelling*

Op het plein, geheten *Place du jeu de la balle*, te Horrues (met een groot plakkaat „PILORI" ervoor).

*B. Herkomst en historisch overzicht*

(a) Afkomstig van de heerlijkheid HORRUES.

(b) Opgericht door het Sint-Vincentiuskapittel van Zinnik ([WAUTELET-DELAHAIE e.a.], p. 95), dat het grootste deel van Horrues met alle graden van rechtsmacht bezat tijdens het Ancien Régime (H. HASQUIN e.a., *Gemeenten van België*, dl. III, p. 2102).

(c) Oprichtingsdatum : waarschijnlijk in de 18de eeuw.

(d) Oorspronkelijke opstelling : vermoedelijk nabij zijn huidige opstellingsplaats, maar dan meer centraal op het plein.

(e) Opgravings- en heroprichtingskroniek : onbekend.

*C. Beschrijving en afmetingen*

Achthoekige zuilkaak. Arduin.
Globale hoogte : ca. 2,50 meter.

(a) Bekroning : een enigszins achthoekige deksteen met een soort platte kegel erbovenop, waarboven oorspronkelijk vermoedelijk een wapenvaantje was aangebracht.
(b) Schacht : een achthoekige, onversierde zuil met profilering onderaan.
Aan de achterzijde bevindt zich een gat voor de verankering van de bevestigingsring voor het halsijzer.
(c) Basis : verdwenen.

*D. Specifieke bibliografie*

P. DE WIN, *In het kader : de schandstrafinstrumenten*, p. 156 nr. 95 ; IDEM, *Schandstraffen in België* (doct. diss.), dl. II-A, nr. 242 (H.113) (afb.) ; IDEM, *Schandpalen Edingen*, p. 225-226 (afb.) ; [D. WAUTELET-DELAHAIE e.a.], *Wallonië. Toeristische gids 1982-1983*, Luik, 1982, p. 95.

*E. Inventaris* : bezoeken ter plaatse in 1983 en 1993.

*F. Foto's* : P.D.W. 1983 en 1993.

## ■ H.116. SOIGNIES (Zinnik) (afb. 63)

Deelgemeente : NEUFVILLES.
Thans : prov. Henegouwen, arr. Zinnik.
Eertijds : graafschap Henegouwen.

### BEWAARDE SCHANDPAAL VAN FÉLIGNIES

*A. Huidige opstelling*

Nabij de 'Ferme de Félignies' (eertijds behorend tot het domein waarin het omstreeks 1965 afgebroken kasteel van Félignies stond) te Neufvilles. De paal is privé-bezit.

*B. Herkomst en historisch overzicht*

(a) Waarschijnlijk afkomstig van de heerlijkheid FÉLIGNIES te Neufvilles.
(b) Vermoedelijk opgericht door de familie Buelens, die de heerlijkheid Félignies vanaf 1659 tot aan de Franse Tijd bezat (zie : R. DERIVIÈRE, *Les noms de lieu de Neufvilles*, in : „Bulletin de la Commission royale de Toponymie et de Dialectologie", 11, 1937, p. 110-111).
Félignies was een heerlijkheid te Neufvilles, waar naast de heerlijkheid Neufvilles zelf nog drie andere heerlijkheden lagen (H. HASQUIN e.a., *Gemeenten van België*, dl. III, p. 2496).
(c) Oprichtingsdatum : waarschijnlijk in de 18de eeuw.
(d) Oorspronkelijke opstelling : mogelijk eertijds tegen een muur geplaatst (de basis is achteraan immers afgesneden).
(e) Opgravings- en heroprichtingskroniek :
Vermoedelijk na de Franse Tijd overgebracht naar het kasteelpark. Het kasteel werd afgebroken. De schandpaal kantelde om en ligt er nog steeds omgevallen bij, verborgen in het struikgewas. De huidige eigenaar overweegt een heroprichting.

*C. Beschrijving en afmetingen*

Getrapte achthoekige zuilkaak. Arduin.
Globale hoogte : ca. 3,50 meter.

(a) Bekroning : verdwenen. Volgens de mondelinge overlevering zou het een bol geweest zijn met een wapenvaantje erboven.
(b) Schacht : een getrapte, achthoekige en versmallende zuil. Omdat de zuil gedeeltelijk in de grond is verzonken, is enkel de eerste trap van ca. één meter lengte zichtbaar. Hoogte : ca. 3 meter.
(c) Basis : een kubusvormige sokkel met afgesneden hoeken en afgesneden achterzijde (hoogte : 50 cm ; bovenaan : 70 op 70 cm). De bovenkant vertoont een vierkant gat voor de inplanting van de schacht.

*D. Specifieke bibliografie*

P. De Win, *Een aspect*, p. 109 nr. 95 ; Idem, *In het kader : de schandstrafinstrumenten*, p. 156 nr. 96 ; Idem, *Schandstraffen in België* (doct. diss.), dl. II-A, nr. 243 (H.114) (afb.) ; Idem, *Schandpalen Edingen*, p. 236-238 (afb.) ; F. Moens en P. De Win, *Le Hainaut*, p. 156.

*E. Inventaris* : bezoeken ter plaatse in 1982 en 1993.

*F. Foto's* : P.D.W. 1982.

⊗ **H.117. SOIGNIES** (Zinnik)

Deelgemeente : Soignies.
Thans : prov. Henegouwen, arr. Zinnik.
Eertijds : graafschap Henegouwen.

**Verdwenen schandpaal van Zinnik**

Er stond een schandpaal buiten de stadswallen, blijkbaar een soort (houten) paal (Th. Lejeune, *Mémoire historique sur l'ancienne ville de Soignies*, in : „MPSSALH", r. 3, 4, 1868-1896, p. 178).

Zinnik was in handen van het kapittel van Sint-Vincentius, dat er alle graden van rechtsmacht bezat (H. Hasquin e.a., *Gemeenten van België*, dl. IV, p. 2802-2804 ; Th. Lejeune, *o.c.*, p. 76 en 176-178).

● ? **H.118. SOIGNIES** (Zinnik)

Deelgemeente : Thieusies.
Thans : prov. Henegouwen, arr. Zinnik
Eertijds : graafschap Henegouwen.

(?) **Mogelijke schandpaal van Thieusies**

Thans bewaard te Tongeren, Rutten (prov. Limburg, Lim.17) (zie aldaar).

*Steenkerke* : zie Steenkerque

**Steenkerque** : zie Braine-le-Comte, Steenkerque (H.16)

THIEUSIES : zie SOIGNIES, Thieusies (H.118)
⇒ thans te TONGEREN, Rutten (prov. Limburg, Lim.17).

THORICOURT : zie SILLY, Thoricourt (H.113).

## ■ ? H.119. TOURNAI (Doornik) (afb. 64)

Deelgemeente : ORCQ.
Thans : prov. Henegouwen, arr. Doornik.
Eertijds : Doornikse.

**BEWAARDE SCHANDPAAL**

*A. Huidige opstelling*

Naast het nieuwe 'Château de la Marlière' (*Chaussée de Lille* nr. 28) in het kasteeldomein zelf (privé-bezit).

*B. Herkomst en historisch overzicht*

(a) Afkomstig van ORCQ zelf of van een heerlijkheid op haar grondgebied (volgens de mondelinge overlevering werd de paal immers ter plaatse gevonden).
(b) Orcq zelf hing af van de stad Doornik sedert de 13de eeuw (H. HASQUIN e.a., *Gemeenten van België*, dl. IV, p. 2557-2558) en dus dienen de stadsschepenen als oprichters te worden aangewezen.
(c) Oprichtingsdatum : waarschijnlijk in de 18de eeuw.
(d) Oorspronkelijke opstelling : vermoedelijk nabij de grote baan Doornik-Rijsel en het vroegere kasteel (thans ruïne).
(e) Opgravings- en heroprichtingskroniek :
Het domein van het 'Château de la Marlière' behoorde in de 19de eeuw toe aan de familie Crombez, een vooraanstaande familie van industriëlen uit het Doornikse. Het domein herbergt ook de kasteelruïne. Men zou de schandpaal gevonden hebben nabij deze ruïne en hij zou heropgericht zijn op zijn huidige standplaats nadat de bouw van het nieuwe kasteel was voltooid (omstreeks 1882).

*C. Beschrijving en afmetingen*

Achthoekige zuilkaak. Arduin.
Globale hoogte : ca. 3,50 meter.

(a) Bekroning : verdwenen.
(b) Schacht : een achthoekige zuil met profilering onderaan. Midden op de zuil prijkt een leeuwekop met ijzeren ring (voor de bevestiging van het thans verdwenen halsijzer) in de bek (op ca. 1,50 meter hoogte).
Hoogte zuil : ca. 3 meter.
(c) Basis : drie achthoekige treden.
Hoogte : ca. 50 cm.

*D. Specifieke bibliografie*

P. DE WIN, *Een aspect*, p. 109 nr. 96 ; IDEM, *In het kader : de schandstrafinstrumenten*, p. 156 nr. 97 ; IDEM, *Schandstraffen in België* (doct. diss.), dl. II-A, nr. 246 (H.117) (afb.) ; F. MOENS en P. DE WIN, *Hainaut*, p. 156 (afb.) ; *Le*

*Patrimoine monumental de la Belgique. Wallonie*, dl. VI-1, Luik, z.j., p. 434-435.

*E. Inventaris* : bezoek ter plaatse in 1982.

*F. Foto's* : P.D.W. 1982.

⊗ **H.120. TOURNAI** (Doornik) (afb. 65-66)

Deelgemeente : QUARTES.
Thans : prov. Henegouwen, arr. Doornik.
Eertijds : Doornikse.

VERDWENEN SCHANDPALEN TE QUARTES

Op een plan van het dorp uit 1657 staan twee schandpalen afgebeeld. Ze zijn van het zuiltype, bekroond met een vaantje en voorzien van een halsijzer.

Paal I, vermoedelijk nog een houten constructie, is getekend op het dorpsplein nabij de tussen twee bomen gespannen vierschaar. Volgens de legende bij de kaart gaat het om de „pillorie" van de heerlijkheid Braffe en Lassus. Hij stond dichtbij de kerk van Quartes opgesteld (BERGEN, A.É., C. & P., nr. 1391 ; de schandpaal van Braffe en Lassus figureert onder nr. 12 ; detail van deze kaart met natekening van deze schandpaal in : L. VERRIEST, *Régime seigneurial*, p. 347 en afb. p. 346bis).

Paal II staat midden op de kaart getekend nabij het cijnshof van de heerlijkheid Gouvernies en heeft eenzelfde vorm als paal I (deze „pillorie" figureert onder nr. 4 op de kaart).

Quartes was verdeeld in deze twee heerlijkheden, waarvan de heren blijkbaar allebei de drie graden van rechtsmacht bezaten. De heerlijkheid Gouvernies (of Gouvergnies) werd in 1644 gekocht door Karel van Hovyne, die haar in 1667 schonk aan zijn kleinzoon Karel ; door het huwelijk van Barbara van Hovyne met Filips-Ignatius de Gottignies ging de heerlijkheid op het einde van de 17de eeuw over naar deze laatste familie, die haar tot aan de Franse Tijd behield (zie : H. HASQUIN e.a., *Gemeenten van België*, dl. IV, p. 2640).

De schandpaal van Braffe-Lassus is ook nog afgebeeld op twee plannen uit 1731 en 1733. Hij staat nog steeds op het dorpsplein en heeft ook nog altijd hetzelfde uitzicht (BERGEN, A.É., C. & P., nrs. 1083-1 en 1083-2).

☐ **H.121. TOURNAI** (Doornik) (afb. 67)

Deelgemeente : TOURNAI.
Thans : prov. Henegouwen, arr. Doornik.
Eertijds : Doornikse.

BEWAARDE SCHANDPAAL VAN ANTOING

*A. Huidige opstelling*

Aan de koorzijde van de kathedraal.

*B. Herkomst en historisch overzicht*

(a) Afkomstig, volgens de mondelinge overlevering, van de heerlijkheid ANTOING (MOENS en DE WIN, p. 156).

(b) Vermoedelijk opgericht door de familie de Ligne, die in het begin van de 18de eeuw, na eindeloze betwistingen met het huis Melun-Epinoy, de heerlijkheid Antoing definitief kreeg toegewezen (H. HASQUIN e.a., *Gemeenten van België*, dl. III, p. 1444 ; zie ook : E. MATTHIEU, *L'échevinage d'Antoing*, in : „ACAM", 25, 1896, p. 491-492).

(c) Oprichtingsdatum : waarschijnlijk in de loop van de 18de eeuw.

(d) Oorspronkelijke opstelling : onbekend.

(e) Opgravings- en heroprichtingskroniek :
De paal is hoogstwaarschijnlijk omstreeks 1929 (alleszins tussen 1919 en 1929) terechtgekomen op zijn huidige opstellingsplaats, vermoedelijk ingevolge een schenking aan het in 1929 gereorganiseerde *Musée des Antiquités* te Doornik (volgens schrijven van de bibliothecaris van Doornik d.d. 21 januari 1958 ; MOENS en DE WIN, p. 156).

*C. Beschrijving en afmetingen*

Achthoekige zuilkaak. Hardsteen.
Globale hoogte : ca. 3 meter.

(a) Bekroning : een soort gestileerde eikel of pijnappel.

(b) Schacht : een smalle achthoekige, enigszins verjongende zuil met een smalle stenen band in het midden. Bovenaan loopt de zuil uit in een eenvoudig kapiteel.
Het bovenste deel van de zuil is alleszins oorspronkelijk ; het onderste stuk is vernieuwd.

(c) Basis : een cilindrische sokkel, die waarschijnlijk niet oorspronkelijk is.

*D. Specifieke bibliografie*

P. DE WIN, *Een aspect*, p. 94 nt. 93 en p. 109 nr. 97 ; IDEM, *In het kader : de schandstrafinstrumenten*, p. 141 en p. 156 nr. 98 ; IDEM, *Schandstraffen in België* (doct. diss.), dl. II-A, nr. 248 (H.119) (afb.) ; IDEM, *Schandstraffen in het wereldlijk strafrecht*, p. 122 ; F. MOENS en P. DE WIN, *Hainaut*, p. 156 (afb.).

*E. Inventaris* : bezoek ter plaatse in 1982.

*F. Foto's* : P.D.W. 1982.

## ⊗ **H.122. TOURNAI** (Doornik)

Deelgemeente : TOURNAI.
Thans : prov. Henegouwen, arr. Doornik.
Eertijds : Doornikse.

### VERDWENEN SCHANDPAAL VAN DOORNIK

In 1275 en 1457 maakte men voor de tepronkstelling gebruik van een ladder („mise en leschelle" : P. FREDERICQ e.a., *Corpus documentorum Inquisitionis haereticae pravitatis Neerlandicae. Verzameling van stukken betreffende de pauselijke en bisschoppelijke inquisitie in de Nederlanden*, Gent-Den Haag, 1889-1902, dl. I, p. 139-140 nr. 145 en p. 336 nr. 296). Mogelijk gaat het hier om een ladderkaak.

Of er te Doornik ook een vaste schandpaal heeft dienst gedaan, kon niet worden achterhaald. Op een plan van de stad, getekend door Jacob van Deventer, staan er mogelijk een soort galg en schandpaal afgebeeld op de *Grand-Place* (ed. JACQUES de Deventer, *Villes de la Belgique au xvi^e^ siècle*, maar zonder enige uitleg in de begeleidende tekst).

*Twee-Akren* : zie Deux-Acren

**Tyberchamps** : zie Manage, Manage (H.68)

**Vellereille-le-Sec** : zie Estinnes, Vellereille-le-Sec (H.40)

**Virelles** : zie Chimay, Virelles (H.27)

**Warelles** : zie Enghien/Edingen, Petit-Enghien (H.36)

**Warquignies** : zie Colfontaine, Warquignies (H.28)

**Waudrez** : zie Binche, Waudrez (H.10)

**Wiers** : zie Péruwelz, Wiers (H.92)

*Zinnik* : zie Soignies

VII

# PROVINCIE LUIK

ARGENTEAU : zie VISÉ, Argenteau (Lui.15)

CHERATTE : zie VISÉ, Cheratte (Lui.16)

■ (?) **Lui.1. CLAVIER** (afb. 68)

Deelgemeente : CLAVIER.
Thans : prov. Luik, arr. Hoei.
Eertijds : hertogdom Luxemburg.

MOGELIJKE SCHANDPAALREST

*A. Huidige opstelling*

Het fragment staat opgesteld nabij een kruispunt op de weg van Clavier-centrum naar het gehucht Ochain. De vormgeving laat een schandpaalrest vermoeden.

*B. Herkomst en historisch overzicht* : onbekend.

De situering zou er dan op wijzen dat het waarschijnlijk de schandpaal van de heerlijkheid Ochain is.
De heerlijkheid Ochain, waartoe naast Ochain zelf o.m. ook Clavier behoorde, was met alle rechtsmacht vanaf 1453 tot aan de Franse Tijd in handen van de familie d'Argenteau (H. HASQUIN e.a., *Gemeenten van België*, dl. III, p. 1714).

*C. Beschrijving en afmetingen*

Het gaat hier om een achthoekige zuilrest met enige profilering onderaan. Het stuk paal is vervaardigd in arduin en er is nog een duidelijke breuklijn zichtbaar.

*D. Specifieke bibliografie* :

P. DE WIN, *Schandstraffen in België* (doct. diss.), dl. II-A, nr. 265 (Lui.1) (afb.).

*E. Inventaris* : bezoek ter plaatse in 1986.

*F. Foto's* : P.D.W. 1986.

⊗ **Lui.2. ESNEUX**

Deelgemeente : ESNEUX.
Thans : prov. en arr. Luik.
Eertijds : hertogdom Limburg.

VERDWENEN GERECHTSLINDE-KAAK VAN ESNEUX

Nabij de kerk stond een oude lindeboom, waaraan een *carcan* of halsijzer was vastgemaakt. De boom fungeerde dus als kaak. Omstreeks 1825 verdween het halsijzer.

De boom-kaak zou nog tot het einde van het Ancien Régime gebruikt zijn voor de uitvoering van tepronkstellingen (G. SIMONIS, *La seigneurie et comté d'Esneux*, in : „BIAL", 24, 1894, p. 224 ; R. DALEM, *Abrégé de l'histoire d'Esneux*, Esneux, 1938, p. 30 ; P. DE WIN, *Een aspect*, p. 98 nt. 126).

De heerlijkheid Esneux behoorde met alle rechtsmacht aan de familie d'Argenteau vanaf de 14de eeuw tot aan de Franse Tijd (G. SIMONIS, *o.c.*, p. 170 sqq. ; H. HASQUIN e.a., *Gemeenten van België*, dl. III, p. 1829-1830).

Er was ook nog sprake van een kaak te Beauregard (Croix-Véré), de plaats waar de doodstraffen werden voltrokken (R. DALEM, *o.c.*, p. 30) ; het gaat hier ook om een oude lindeboom, die tevens als galg werd gebruikt (G. SIMONIS, *o.c.*, p. 219).

**⊗ Lui.3. EUPEN**

Deelgemeente : EUPEN.
Thans : prov. Luik, arr. Verviers.
Eertijds : hertogdom Limburg.

VERDWENEN SCHANDPAAL VAN EUPEN

Vanaf 1648 tot 1732 stond er op de markt een schandpaal te Eupen in de vorm van een Luiker 'perron' (G. GRONDAL, *Eupen. Notices historiques*, „Société verviétoise d'Archéologie et d'Histoire", IV, Dison, 1970, p. 33).

In 1648 werd Eupen door de Spaanse koning Filips IV met alle rechtsmacht verkocht aan de jurist Guillaume de Vischer. De heerlijkheid, die in leen werd gehouden van het Leenhof van Limburg, ging snel over in handen van verschillende opeenvolgende families om vanaf 1727 tot aan het einde van het Ancien Régime te behoren aan de familie van Hodiamont (G. GRONDAL, *o.c.*, p. 31-32).

**GOÉ** : zie LIMBOURG, Goé (Lui.10)

*Gulke* : zie GOÉ

**⊗ Lui.4. HERSTAL**

Deelgemeente : HERSTAL.
Thans : prov. en arr. Luik.
Eertijds : hertogdom Brabant, daarna prinsbisdom Luik.

VERDWENEN SCHANDPAAL VAN HERSTAL

De schandpaal of *carcan* stond opgesteld op de *Place de la Licourt* nabij het *Maison de Ceppe* (A. COLLART, *La Haute Cour et Justice souveraine de Herstal*, Herstal, 1924, p. 207).

Tot 1636 werd de soevereiniteit over de heerlijkheid Herstal uitgeoefend door de hertog van Brabant. Toen werd een deel van het grondgebied met alle rechten afgestaan aan het prinsbisdom Luik. Een ander deel werd opgeëist door de koning van Pruisen als Pruisisch grondgebied, wat het prinsbisdom Luik er in 1740 toe noopte deze aanspraken af te kopen. Van dan af hing Herstal, zowel op het gebied van soevereiniteit als wat de leenheerlijke zaken betreft, af van de prinsbisschop van Luik (H. Hasquin e.a., *Gemeenten van België*, dl. III, p. 2077).

⊗ **Lui.5. HERVE**

Deelgemeente : Herve.
Thans : prov. Luik, arr. Verviers.
Eertijds : hertogdom Limburg.

**Verdwenen schandpaal van Herve**

Vanaf de 14de eeuw stond er op de markt van Herve een soort 'perron' als symbool van de hoge rechtsmacht van de schepenen. In de 18de eeuw was dit 'perron' evenwel in ruïneuze toestand en de schepenen besloten in 1723 een nieuw 'perron' in steen te laten vervaardigen bekroond met een Bourgondisch kruis. Men liet er ook een chronogram in graveren met verwijzing naar de heroprichtingsdatum (A. De Ryckel, *Histoire de la ville de Herve*, in : „Bulletin de la Société d'Art et d'Histoire du Diocèse de Liège", 11, 1897, p. 55).

De heerlijkheid was in 1655 met alle rechtsmacht door de Spaanse koning Filips IV afgestaan aan Anne de Barbeius, weduwe van Willem de Caldenbourg, die haar rechten een jaar later overdroeg aan de familie d'Aspremont Lynden. Deze laatste familie hield de hoge heerlijkheden van Herve en van de Ban van Herve in haar bezit tot het einde van het Ancien Régime (H. Hasquin e.a., *Gemeenten van België*, dl. III, p. 2079-2081 ; A. De Ryckel, *o.c.*, p. 35 sqq.).

Toen graaf Ferdinand d'Aspremont Lynden in 1727, na de dood van zijn vader, bezit nam van de heerlijkheid, verweet hij de schepenen dat zijn wapens niet op het 'perron' waren aangebracht en hij eiste de verwijdering van het chronogram. De schepenen besloten tot een compromis : de wapens van de graaf aan te brengen, maar het chronogram te handhaven (A. De Ryckel, *o.c.*, p. 55). Zodoende symboliseerde het 'perron' in feite de hoge rechtsmacht van de heer en kwam het dus eerder overeen met een pilorijn. Het fungeerde mogelijk ook daadwerkelijk als schandpaal.

In een strafvonnis uit 1744 is er sprake van het 'perron', waarrond een veroordeelde bij wijze van eerlijke betering diende te lopen, en in 1739 werd een stelende vagebond o.m. veroordeeld tot openbare tepronkstelling van een kwartier, geseling, brandmerking en verbanning (A. De Ryckel, *Histoire de la ville de Herve*, Luik, 1906, p. 244-245).

*Hoei* : zie Huy

⊗ **Lui.6. HUY** (Hoei)

Deelgemeente : Huy.
Thans : prov. Luik, arr. Hoei.
Eertijds : prinsbisdom Luik.

### Verdwenen schandpalen te Hoei

Het 'perron' van Hoei deed meermaals dienst als schandpaal, zoals blijkt uit enkele casussen (o.m. in 1497) (zie E. Poncelet, *Le Perron et les Sceaux de la Ville de Huy*, Luik, 1939, p. 62-64). Dit 'perron' symboliseerde de stedelijke vrijheid onder de suprematie van de Luikse prinsbisschoppen. Het monumentje stond op de *Grand-Place* tot omstreeks 1575, waarna het verdween (E. Poncelet, *o.c.*, vnl. p. 69). Toch is er in 18de-eeuwse strafvonnissen nog sprake van een strafuitvoering „sur la grande place vis-à-vis du peron" (a° 1773) of „sur le grand marché de cette ville vis-à-vis du peron ou pilory" (a° 1778) (R. Stasse, *Chronique criminelle de Huy au crépuscule de la Cour des échevins 1775-1796*, in : „Bulletin de la Société des Bibliophiles liégeois", 20, 1959, p. 35 nt. 3).

Daarnaast deden de pijlers rond de z.g. Bassinia-fontein op de *Grand-Place* in de 15de eeuw en later ook wel eens dienst als kaak. Men maakte er voor de gelegenheid een *carcan* of halsijzer aan vast (zie R. Dubois, *Les rues de Huy*, Luik, 1975, p. 282). De fontein bestaat nog, maar de pijlers en het halsijzer zijn reeds lang verdwenen.

## ⊗ **Lui.7. HUY** (Hoei)

Deelgemeente : Huy.
Thans : prov. Luik, arr. Hoei.
Eertijds : prinsbisdom Luik.

### Verdwenen schandpaal van de heerlijkheid Statte

De *carcan* van deze heerlijkheid te Hoei stond opgesteld nabij het 'perron' van Statte in de huidige *Rue du Perron* te Hoei (zie R. Dubois, *Les rues de Huy*, Luik, 1975, p. 484-486).

**Jupille-sur-Meuse** : zie Liège, Jupille-sur-Meuse (Lui.8)

## ■ **Lui.8. LIÈGE** (Luik) (afb. 69)

Deelgemeente : Jupille-sur-Meuse.
Thans : prov. en arr. Luik.
Eertijds : prinsbisdom Luik.

### Bewaarde „pierre de justice" van Jupille-sur-Meuse

Deze „pierre de justice", volgens de inscriptie op het monumentje zelf, zou volgens sommige auteurs ook dienst hebben gedaan als 'perron' (cf. Goblet d'Alviella, p. 382).

*A. Huidige opstelling*

Op de *Place Git-le-Coq*, nabij de pastorie (cf. *Patrimoine monumental*, dl. VIII-2, p. 467).

*B. Herkomst en historisch overzicht*

(a) Afkomstig van de heerlijkheid Jupille-sur-Meuse.
(b) Waarschijnlijk opgericht door de schepenen van Jupille „zetelend aan de brug van Amercœur" (H. Hasquin e.a., *Gemeenten van België*, dl. III, p. 2169-2170).

(c) Oprichtingsdatum : onbekend (17de-18de eeuw?).
(d) Oorspronkelijke opstelling : waarschijnlijk nabij de huidige plaats.
(e) Opgravings- en heroprichtingskroniek :
De bevestigingsring bovenaan is thans verdwenen. Het monumentje bevindt zich in een zeer verwaarloosde staat en wordt omgeven door een lage afsluiting in smeedijzerwerk. Vermoedelijk werd de steen in de 19de eeuw gerestaureerd en van de inscriptie „PIERRE DE JUSTICE" voorzien.

*C. Beschrijving en afmetingen*

Op een soort vierkante stenen tafel staat een cilindrisch blok van ca. 80 cm hoogte, bovenaan enigszins afgerond en uitlopend in een afgeknotte kegel, waarin in top oorspronkelijk een ijzeren ring stak, die thans evenwel is verdwenen (cf. MOENS, p. 259). Blijkbaar werd de veroordeelde, gezeten op de steen, met de handen aan de ring vastgeketend. Het is m.i. dan ook in de eerste plaats een soort kaak, nl. een zitbankkaak.

Op het cilindrisch blok staat in hoofdletters „PIERRE DE JUSTICE" gekapt.

*D. Specifieke bibliografie*

P. DE WIN, *Een aspect*, p. 109 nr. 103 ; IDEM, *In het kader : de schandstraf-instrumenten*, p. 156 nr. 104 ; IDEM, *Schandstraffen in België* (doct. diss.), dl. II-A, nr. 272 (Lui.8) (afb.) ; IDEM, *Schandstraffen in het wereldlijk strafrecht*, p. 132 ; graaf GOBLET D'ALVIELLA, *Perrons Wallonie*, p. 382 ; F. MOENS, *Symbolen van Feodale Macht*, in : „TTCB", 54, 1948, nr. 22, p. 259 ; *Le Patrimoine monumental de la Belgique. Wallonie*, dl. VIII-2, Luik, 1980, p. 467 (met Pl. 754 achteraan).

*E. Inventaris* : bezoek ter plaatse in 1983.

*F. Foto's* : P.D.W. 1983 ; A.C.L. B.89649 (1945), alsook E.4761 (verkeerd gecatalogiseerd sub Chièvres).

⊗ **Lui.9. LIÈGE** (Luik)

Deelgemeente : LIÈGE.
Thans : prov. en arr. Luik.
Eertijds : prinsbisdom Luik.

VERDWENEN KAAK TE LUIK

In een edict van 19 mei 1546 is er sprake van het vastnagelen van een delinkwent „par l'oreilhe à pilory ou à la stache" (E. POULLET, *Essai sur l'histoire du droit criminel dans l'ancienne principauté de Liège*, Brussel, 1871, p. 788).

Men paste te Luik ook wel eens de tepronkstelling „op de ladder" toe. Zo werd in de 15de eeuw een voorbestrafte man uit Roermond door het *Tribunal de la Paix* veroordeeld om te worden „mis sur l'eskaille desor la chancellerie deleis le palais de l'évêque" alvorens te worden onthoofd (E. POULLET, *o.c.*, p.502-503).

Op 29 juli 1719 werden enkele vagebonden op de markt te pronk gesteld in de *carcan* en enkelen gegeseld alvorens met z'n allen te worden verbannen (J. FRÉSON, *La justice criminelle dans l'ancien pays de Liège*, Luik, 1889, p. 147 nr. C).

Vermelden we ten slotte nog dat ook het 'perron' van Luik in deze periode wel eens werd aangewend voor het uitvoeren van lijfstraffen (zo o.m. in 1718 : J. Fréson, *o.c.*, p. 135-136 nr. LXXXVII).

Nota : Er bleef wel nog een *carcan*-paal bewaard uit de Franse of post-Franse Tijd (zie : P. De Win, *Kaakstraf in België*, vnl. p. 124-125 met afb. 20-21).

## ■ Lui.10. LIMBOURG (Limburg) (afb. 70)

Deelgemeente : Goé (Gulke).
Thans : prov. Luik, arr. Verviers.
Eertijds : hertogdom Limburg.

### Bewaarde schandpaal van Gulke

*A. Huidige opstelling*

In het kasteelpark nabij de Orangerie.

*B. Herkomst en historisch overzicht*

(a) Afkomstig van de heerlijkheid Gulke.

(b) Vermoedelijk opgericht door de laatste heerlijke bezitters, m.n. de familie Lantremange, heren van Gulke van 1748 tot aan de Franse Tijd.
In 1649 verpandde de vorst de hoge rechtsmacht van Gulke, waarna de heerlijkheid in handen kwam van vele, elkaar opvolgende families, nl. van Caldenborch, Hannot, Blanche (1702), van den Steen (1722-1732), Cloeps (1732-1748) en ten slotte Lantremange (Buchet, dl. I, p. 123-33 ; H. Hasquin e.a., *Gemeenten van België*, dl. III, p. 1966).

(c) Oprichtingsdatum : alleszins na 1649, waarschijnlijk tweede helft 18de eeuw (tussen 1748 en de Franse Tijd).

(d) Oorspronkelijke opstelling : vermoedelijk nabij de kerk.

(e) Opgravings- en heroprichtingskroniek : onbekend. Vermoedelijk in de 19de eeuw in het kasteeldomein gezet.

*C. Beschrijving en afmetingen*

Cilindrische zuilkaak (achthoekige mengvorm). Arduin.
Globale hoogte : ca. 4 meter.

(a) Bekroning : een soort afgesloten vaas op vierkante voet (oorspronkelijk?) (vgl. Buchet, dl. I, p. 137 nt. 31 : pijnappel).
Hoogte : ca. 0,50 meter.

(b) Schacht : een cilindrische zuil van ca. 2 meter op een ca. 1,5 meter hoge achthoekige sokkel met vierkant grondvlak. Bovenaan loopt de cilindrische zuil uit in een achthoekig kapiteel.
Ca. 20 cm onder het kapiteel bevindt zich aan één zijde een gat, vermoedelijk voor het inbrengen van de bevestigingsring voor het halsijzer.
Hoogte : ca. 3,50 meter.

(c) Basis : een recente, gemetste, vierkante trede.

*D. Specifieke bibliografie*

A. Buchet, *Monographie historique de Goé-lez-Limbourg*, Verviers, 1941-1951, dl. I, p. 137 nt. 31 ; P. De Win, *Een aspect*, p. 109 nr. 104 ; Idem, *In het kader : de schandstrafinstrumenten*, p. 156 nr. 105 ; Idem, *Schandstraffen in België* (doct. diss.), dl. II-A, nr. 274 (Lui.10) (afb.).

*E. Inventaris* : bezoeken ter plaatse in 1983 en 1991.

*F. Foto's* : P.D.W. 1983 en 1991.

### ⊗ **Lui.11. LIMBOURG** (Limburg)

Deelgemeente : Limbourg.
Thans : prov. Luik, arr. Verviers.
Eertijds : hertogdom Limburg.

#### Verdwenen schandpaal van Limburg

Te Limburg stonden er eertijds een 'perron' en een schandpaal opgesteld voor de oude halle in het midden van de hoofdstraat (*Grand-Rue*) (A. Puters, *L'architecture privée dans la région verviétoise. II. La renaissance mosane*, in : „BSVAH", 36, 1848-49, p. 114).

Het 'perron' bestond uit een zuil met een leeuw erop. Het werd blijkbaar vernield omstreeks 1647, maar onmiddellijk gerestaureerd en er is alleszins nog sprake van in 1670 (J. Thisquen, *Histoire de la ville de Limbourg*, dl. II, Verviers, 1908, p. 116-117 ; A. Buchet, *Limbourg et ses environs. Le Barrage de la Gileppe. La Forêt d'Hertogenwald. Promenades historiques et archéologiques*, Dison-Verviers, 1940, p. 36).

'Perron' en schandpaal zijn zichtbaar op een plan van J. Blaeu (in : *Toonneel der steden van 's Konings Nederlanden*, 1649 ; afb. in : H. Hasquin e.a., *Gemeenten van België*, dl. IV, p. 2279).

*Limburg* : zie Limbourg

*Luik* : zie Liège

**Petit-Rechain** : zie Verviers, Petit-Rechain (Lui.13)

**Statte** : zie Huy, Huy (Lui.7)

### ⊗ **Lui.12. THEUX**

Deelgemeente : Theux.
Thans : prov. Luik, arr. Verviers.
Eertijds : prinsbisdom Luik.

#### Verdwenen schandpaal van Theux

Op de *Place du Perron* nabij het nog bewaarde 18de-eeuwse 'perron' herinnert een steen in de grond aan de plaats waar vroeger de schandpaal stond. Deze steen vertoont twee dichtgemetste gaten, o.m. een rond gat waarin de paal werd ingeplant (P. De Win, *Schandstraffen in België* (doct. diss.), dl. II-A, nr. 277 (Lui.11) met foto uit 1983) (zie ook : J. Van Overstraeten, *Gids voor Wallonië en het groothertogdom*, Antwerpen, 1958, p. 425 ; F. Tihon, *Notes sur les perons*, in : „BIAL", 40, 1910, p. 21).

Al wordt wel eens beweerd dat het ‘perron’ zelf als schandpaal dienst gedaan zou hebben (o.m. door L.P., *Toeristische middaguurtjes*, in : „Brabant”, 11, 1959, nr. 3, p. 20 ; G. MEERSSEMAN, *Vorm en Betekenis*, p. 100), toch werden de tepronkstellingen en kleinere lijfstraffen in feite uitgevoerd naast het ‘perron’, terwijl de doodstraffen werden voltrokken op een heuvel, *thier du gibet* geheten, tussen Theux en het gehucht Oneux (F. TIHON, *o.c.*, p. 21-22).

Theux was een stad van het prinsbisdom Luik met een eigen bestuur dat alle graden van rechtsmacht uitoefende (zie o.m. : Ph. DE LIMBOURG, *Organisation administrative de la communauté de Theux*, in : „BIAL”, 18, 1885, p. 125-174).

■ **Lui.13. VERVIERS** (afb. 71-72)

Deelgemeente : PETIT-RECHAIN.
Thans : prov. Luik, arr. Verviers.
Eertijds : hertogdom Limburg.

BEWAARDE SCHANDPAAL VAN PETIT-RECHAIN

Er wordt door vele auteurs foutief de benaming „perron” gebruikt, daar waar het monument duidelijk als ’schandpaal’ is bedoeld (cf. MOENS, p. 258 ; PIRENNE, p. 115). Dit laatste blijkt duidelijk uit de tekst van een akte d.d. 23 oktober 1784 : „Et comme ce pilori ou carcan sert à l’embellissement du lieu, pendant que ce signe patibulaire de haut justicier tend directement à refréner et réprimer le crime et le desordre et à la manutention de la police” (ed. PIRENNE, p. 115) ; deze akte houdt onmiddellijk verband met de oprichting van het monument in 1784.

*A. Huidige opstelling*

Op de *Place Xhovemont* te Petit-Rechain.

*B. Herkomst en historisch overzicht*

(a) Afkomstig van de heerlijkheid PETIT-RECHAIN.

(b) Opgericht door baron Henri de Libotte, heer van Petit-Rechain (1724-1788), en zijn eerste echtgenote Marie-Marguerite-Lambertine de Hamal (†24 februari 1784). Hij huwde haar op 21 juli 1759 ; bij de oprichting van het monument op 16 oktober 1784 was zij pas overleden. Op 16 juni 1786 hertrouwde Henri de Libotte met Anna-Maria-Louisa de Flaveau de la Raudière (HANS, p. 62-63).
Daar waar de heerlijkheid oorspronkelijk door de vorst met alle rechtsmacht in pand was gegeven, wist Henri de Libotte de heerlijkheid volledig in zijn bezit te krijgen in 1759. Op 26 november 1764 verhief keizerin Maria-Theresia de heerlijkheid zelfs tot baronie ten voordele van hem (HANS, p. 63 ; H. HASQUIN e.a., *Gemeenten van België*, dl. IV, p. 2601). Zijn vader, Jacques de Libotte, had evenwel reeds op 19 december 1744 de titel van baron, overdraagbaar bij eerstgeboorte, bekomen van dezelfde vorstin (L. DUERLOO en P. JANSSENS, *Wapenboek van de Belgische adel*, dl. F-M, Brussel, 1992, p. 578).

(c) Oprichtingsdatum : 16 oktober 1784 (zo blijkt uit de akte d.d. 23 oktober 1784 : ed. PIRENNE, p. 115).

(d) Oorspronkelijke opstelling : op de Grote Markt tegenover de kerk en het *Maison d’Audience* van de heerlijkheid (cf. blijkend uit de akte d.d. 23 oktober 1784 : ed. PIRENNE, p. 115).

(e) Opgravings- en heroprichtingskroniek :

In 1825 wenste dhr. Colette de verplaatsing van het monument. Hij kreeg de toestemming van het gemeentebestuur op voorwaarde dat hij de paal in onberispelijke staat heroprichtte. In geval van beschadiging diende hij zelfs 100 frank schadevergoeding aan de gemeente te betalen. Volgens het gemeentebestuur mocht het monument wegens zijn historische en artistieke kwaliteiten zeker niet verdwijnen. In april 1853 werd de schandpaal verplaatst en op een nieuwe trede gezet (Hans, p. 77 nt. 2).

Bij K.B. van 15 maart 1934 werd de schandpaal als monument beschermd.

*C. Beschrijving en afmetingen*

Cilindrische zuilkaak (vierkante mengvorm). Hardsteen („pierre de taille", zo blijkt uit de akte d.d. 23 oktober 1784 : ed. Pirenne, p. 115).

Globale hoogte : 6 meter (cf. Hans, p. 77 nt. 2).

(a) Bekroning : een massieve vaas of gestileerde eikel met Lodewijk XVI-versiering (Pirenne, p. 114). Hoogte : ca. één meter.

(b) Schacht : een massieve, cilindrische zuil, onderaan geplaatst op een kubusvormige sokkel en bovenaan uitlopend in een vierkante dekplaat.

Bovenaan staan de wapens van Henri de Libotte en zijn eerste echtgenote binnen een grote ovalen uitsparing in halfreliëf afgebeeld. Het wapen van Henri de Libotte is : in zilver een keper van keel, vergezeld van drie hanen van keel, gebekt, gepoot, gekamd en gebaard van goud, 2 en 1 geplaatst (vgl. Hans, p. 62-63 ; vgl. J.-B. Rietstap, *Armorial général*, dl. II, p. 64 en ill. Rolland, dl. IV, Pl. LX). Het wapen van Marie-Marguerite de Hamal is : in keel vijf aaneengesloten spitsruiten van zilver, die de schildboorden raken (Hans, p. 62-63 ; J.-B. Rietstap, *o.c.*, dl. I, p. 878 en ill. Rolland, dl. III, Pl. CXL). Beide wapens zijn getopt met een grafelijke kroon met dertien parels ; twee leeuwen fungeren als schildhouders en houders van de banieren met (heraldisch) links het familiewapen de Libotte en (heraldisch) rechts op gouden veld een adelaar van sabel (kroon, schildhouders en banieren werden aan Henri de Libotte verleend op 14 januari 1756 : L. Duerloo en P. Janssens, *o.c.*, dl. F-M, p. 578 ; vgl. Hans, p. 62-63).

(c) Basis : bestaande uit twee treden, een vierkante trede bovenaan, die oorspronkelijk is, en de onderste trede, die uit 1853 dateert (cf. *supra*).

*D. Specifieke bibliografie*

E. De Seyn, *Dictionnaire historique et géographique des communes belges*, Brussel, 1933-1934, dl. II, p. 988 (afb.) ; P. De Win, *Een aspect*, p. 103 nt. 173 en p. 109 nr. 106 : Idem, *In het kader : de schandstrafinstrumenten*, p. 156 nr. 107 ; Idem, *Schandstraffen in België* (doct. diss.), dl. II-A, nr. 278 (Lui.14) (afb.) ; Idem, *Schandstraffen in het wereldlijk strafrecht*, p. 125, 171, 173 en 174 ; graaf Goblet d'Alviella, *Nos perrons. Leur origine, leur rôle, leur symbolisme*, in : „BTCB", 26, 1920, p. 29-30 (afb.) ; Idem, *Perrons Wallonie*, p. 378 ; H. Hans, *Histoire de la seigneurie et de la paroisse de Petit-Rechain*, in : „BSVAH", 15, 1920-21, p. 76bis (afb.) en 77 ; G. Meersseman, *Vorm en Betekenis*, p. 100 ; F. Moens, *Symbolen van Feodale Macht*, in : „TTCB", 54, 1948, nr. 22, p. 258 ; *Le Patrimoine monumental de la Belgique. Wallonie*, dl. 11, Luik, 1984, p. 76-77 (en Pl. 39) ; J. Philippe, *Propos sur l'origine controversée du perron liégeois*, in : „Annales du XXXIV[e] congrès de la Fédération archéologique et historique de Belgique (Verviers, 1951)", 1954, p. 181 (afb.) ; M. PIRENNE, *Les perrons de l'arrondissement de Verviers*, in : „BSVAH", 23, 1930, p. 114-115 (afb.) ; J. VAN OVERSTRAETEN, *Gids voor Wallonië en het groothertogdom*, Antwerpen, 1958, p. 330.

*E. Inventaris* : bezoeken ter plaatse in 1983 en 1991.

*F. Foto's* : P.D.W. 1983 en 1991 ; A.C.L. A.16871 (1942), A.96265 (1945) en A.98435 (1945).

## ■ **Lui.14. VERVIERS** (afb. 73)

Deelgemeente : VERVIERS.
Thans : prov. Luik, arr. Verviers.
Eertijds : prinsbisdom Luik.

### BEWAARDE KAAKREST VAN VERVIERS

*A. Huidige opstelling*

In het *Musée des Beaux-Arts* (*Rue Renier*) te Verviers. Het beeldje, dat volgens de inventaris van het museum wordt omschreven als een stuk van de *pilori du Pont des Lions*, staat opgesteld op een schoorsteenmantel in een vertrek op het gelijkvloers (inv. nr. 40).

*B. Herkomst en historisch overzicht*

(a) Afkomstig van VERVIERS.
(b) Opgericht, volgens het wapenschild, door Erardus van der Mark (of Erard de La Marck), prinsbisschop van Luik van 1505 tot 1538 (E. STRUBBE en L. VOET, *De chronologie van de middeleeuwen en de moderne tijden in de Nederlanden*, Antwerpen-Amsterdam, 1960, p. 285).
(c) Oprichtingsdatum : voortgaand op het wapen, tussen 1505 en 1538.
(d) Oorspronkelijke opstelling : aan de *Pont des Lions* te Verviers (volgens de museumdocumentatie).
(e) Opgravings- en heroprichtingskroniek : onbekend.

*C. Beschrijving en afmetingen*

Enkel de bekroning bleef bewaard
Zuilkaak. Hardsteen.

(a) Bekroning : een uitgesleten heraldisch leeuwke als houder van het wapen van Erard van der Mark : in goud een dwarsbalk geschaakt van zilver en keel in drie rijen, met een leeuw van keel ten halve lijve uitkomend in het schildhoofd (cf. J. DE CHESTRET DE HANEFFE, *Histoire de la Maison de la Marck*, Luik, 1898, p. 3 en 151). Het beeldje is ca. 50 cm hoog.
(b) Schacht : verdwenen.
(c) Basis : onbekend.

*D. Specifieke bibliografie*

P. DE WIN, *Een aspect*, p. 109 nr. 107 ; IDEM, *In het kader : de schandstraf-*

*instrumenten*, p. 156 nr. 108 ; IDEM, *Schandstraffen in België* (doct. diss.), dl. II-A, nr. 279 (Lui.15) (afb.).

*E. Inventaris* : bezoek ter plaatse in 1983.

*F. Foto's* : A.C.L. B.97614 (1945).

⊗ **Lui.15. VISÉ** (Wezet)

Deelgemeente : ARGENTEAU.
Thans : prov. en arr. Luik.
Eertijds : hertogdom Brabant.

VERDWENEN SCHANDPAAL VAN ARGENTEAU

Op een 18de-eeuwse prent met afbeelding van het nieuwe kasteel staat de schandpaal onderaan de toegangsweg naar het kasteel getekend nabij het water. Het is een soort hoge paal op vierkante trede uitlopend in een bol met punt (en wapenvaantje?) (DE CANTILLON, *Vermakelykheden van Brabant, en deszelfs onderhoorige Landen*, dl. III, Amsterdam, 1770, Pl. 71 ; afb. ook in : E. POSWICK, *Histoire de la seigneurie d'Argenteau*, Brussel, 1905, p. 194bis). DE CANTILLON voegt eraan toe dat het kasteel, dat door de Fransen werd verwoest, geheel herbouwd werd door markies van Laverne uit het geslacht de Claris-Clermont (*o.c.*, p. 22). Het gaat hier om Louis-Ferdinand-Joseph de Claris-Valincourt, markies van Laverne de Rodes, graaf van Clairmont (1696-1758), die leenverhef deed voor de heerlijkheid Argenteau op 6 maart 1720 na haar geërfd te hebben van zijn grootvader (E. POSWICK, *o.c.*, p.68-70).

De heerlijkheid was een allodiaal goed ressorterend onder het hertogdom Brabant. Het werd achtereenvolgens gehouden door de families d'Argenteau (12de-16de eeuw), de Merode-Trelon (16de eeuw tot 1671), de Claris-Clermont, de Limburg-Stirum en ten slotte d'Argenteau d'Ochain (E. POSWICK, *o.c.* ; M. COLLEYE, *Argenteau et les environs*, Luik, 1923, p. 29 sqq. ; H. HASQUIN e.a., *Gemeenten van België*, dl. III, p. 1450-1451).

⊗ **Lui.16. VISÉ** (Wezet)

Deelgemeente : CHERATTE.
Thans : prov. en arr. Luik.
Eertijds : Land van Overmaas.

VERDWENEN SCHANDPAAL VAN CHERATTE

Deze schandpaal stond nabij de ingangspoort van het kasteel opgesteld (E. DE SEYN, *Dictionnaire historique et géographique des communes belges*, Brussel, 1933-1934, dl. I, p. 230 ; J. DEJARDIN, *Recherches historiques sur la commune de Cheratte dans l'ancien pays du Limbourg*, in : „Bulletin de la Société Scientifique et Littéraire du Limbourg", 2, 1854, p. 189).

De schandpaal zou in steen opgetrokken zijn geweest en geplaatst op een basis van drie treden. In het midden van de schacht was de ketting met het halsijzer bevestigd (J. DEJARDIN, *o.c.*, p. 189).

De heerlijkheid werd op 18 april 1643 door de Spaanse koning met alle rechtsmacht verpand aan Gilles de Saroléa, wiens familie het goed tot het einde van het Ancien

Régime in achterleen hield van de hertog van Brabant (H. Hasquin e.a., *Gemeenten van België*, dl. III, p. 1697-1698 ; J. Dejardin, *o.c.*, p. 192-196, vnl. p. 194 sub nr. 11).

⊗ **Lui.17. VISÉ** (Wezet)

Deelgemeente : Visé.
Thans : prov. en arr. Luik.
Eertijds : prinsbisdom Luik.

Verdwenen schandpaal van Wezet

Te Wezet stond er alleszins een houten schandpaal opgesteld. Tot 1715 stond deze schandpaal op de Grote Markt vóór het stadhuis. Bij raadsbeslissing van 13 augustus 1715 en op voorstel van de meier van Herve werd de schandpaal toen verplaatst naar het kruispunt van de huidige *Rue Haute* en de *Rue du Perron*, waar ook het 'perron' al sedert 1708 was terechtgekomen. Er tegenover zetelde het Hooggerechtshof (zie J. Knaepen, *Le perron de Visé*, in : „Bulletin et Chronique de la Société royale Le Vieux Liège", 5, 1956-60, p. 449-450 en 438).

Er is voor het eerst sprake van een *carcan* te Wezet in 1547, wanneer een weerspannige timmerman opgeëist werd om het kapotte instrument op te lappen. In 1574 eiste de hoogbaljuw als straf voor een godslasteraar een tepronkstelling aan de schandpaal en de doorboring van zijn tong. In 1715 werd bij raadsbeslissing bepaald dat diefstal van veldvruchten met de kaakstraf gesanctioneerd diende te worden (J. Knaepen, *o.c.*, p. 449-450).

Schandpaal en 'perron' werden hoogstwaarschijnlijk door de Franse troepen in 1792 vernield (zie J. Knaepen, *o.c.*, p. 454).

*Wezet* : zie Visé

## VIII

# PROVINCIE LUXEMBURG

*Aarlen* : zie ARLON

⊗ **Lux.1. ARLON** (Aarlen)

Deelgemeente : ARLON.
Thans : prov. Luxemburg, arr. Aarlen.
Eertijds : hertogdom Luxemburg.

VERDWENEN SCHANDPAAL VAN AARLEN

Vóór de Franse Tijd hadden er op de Grote Markt tepronkstellingen plaats, vermoedelijk op een gelegenheidsschavot (A. BERTRANG, *Histoire d'Arlon*, Aarlen, 1953, p. 321-322 ; P. DE WIN, *Een aspect*, p. 96 nt. 102).

NOTA : Na de Franse Tijd werden er eveneens tepronkstellingen uitgevoerd tot 1849 (P. DE WIN, *Kaakstraf in België*, p. 68 en 89).

⊗ ? **Lux.2. ARLON** (Aarlen)

Deelgemeente : ARLON.
Thans : prov. Luxemburg, arr. Aarlen.
Eertijds : hertogdom Luxemburg.

VERDWENEN SCHANDPAAL VAN ÉTALLE

De halsband van de schandpaal van Étalle werd te zamen met enkele voetboeien door de gemeente Étalle omstreeks 1900 toegezonden aan dhr. Emile Tandel, voorzitter van het *Institut archéologique du Luxembourg*. De relicten zouden in het museum van Aarlen terechtgekomen zijn, maar zijn thans alleszins onvindbaar (zie : SIBANALER, *Relation sur l'ancien poêle et le pilori de la justice d'Étalle*, in : „AIAL", 35, 1900, p. 288. Ik meende eerst dat dit relict nog bewaard was : P. DE WIN, *Een aspect*, p. 109 nr. 108 ; IDEM, *In het kader : de schandstrafinstrumenten*, p. 156 nr. 109 ; een bezoek ter plaatse laat thans het tegendeel veronderstellen).

Étalle behoorde eerst tot het graafschap Chiny en later tot het hertogdom Luxemburg, waar het deel uitmaakte van het provoostschap Étalle. In 1758 werd het door de Oostenrijkse kroon aan de abdij van Orval geschonken (H. HASQUIN e.a.,

*Gemeenten van België*, dl. III, p. 1835-1836). Het vermoeden is dan ook gewettigd dat de schandpaalrest dateerde uit het einde van de 18de eeuw, toen de heerlijkheid onder het bestuur van de abdij van Orval stond.

**Beffe** : zie Rendeux, Beffe (Lux.6)

### ● Lux.3. ÉTALLE

Deelgemeente : Étalle.
Thans : prov. Luxemburg, arr. Virton.
Eertijds : graafschap Chiny, later hertogdom Luxemburg.

**Kaak van Étalle**

Een restant was bewaard te **Arlon**, Arlon (Lux.2) (zie aldaar).

**Houdrigny** : zie Meix-devant-Virton, Villers-la-Loue (Lux.5)

### ⊗ Lux.4. LA ROCHE-EN-ARDENNE

Deelgemeente : La Roche-en-Ardenne.
Thans : prov. Luxemburg, arr. Marche-en-Famenne.
Eertijds : hertogdom Luxemburg.

**Verdwenen schandpaal van La Roche-en-Ardenne**

In 1564, 1576 en 1586 werden enkele personen veroordeeld om, naast lijfstraffen, „estre mis au carcant" of „endurer le carkan". In één casus ging het duidelijk om het bedrieglijk wegnemen van graan uit de banmolens (zie : L. Marquet, *Témoignages sur la justice d'autrefois au Comté de La Roche-en-Ardenne*, in : „Bulletin trimestriel de l'Institut archéologique du Luxembourg-Arlon", 53, 1977, p. 102-103).

Vermoedelijk was deze „carcant" of „carkan" een eenvoudig halsijzer aan een gelegenheidsstaak in plaats van een permanente schandpaal.

La Roche had een *Haute-Cour* die oordeelde in alle burgerrechtelijke en strafrechtelijke aangelegenheden (zie o.m. A. De Leuze, *Laroche et son comté*, Namen, 1907, p. 123-125). Het graafschap La Roche behoorde tot het hertogdom Luxemburg, maar het werd door de vorst met alle rechten van 1396 tot 1507 en van 1628 tot 1753 verpand (H. Hasquin e.a., *Gemeenten van België*, dl. III, p. 2205-2209).

### ⊗ Lux.5. MEIX-DEVANT-VIRTON

Deelgemeente : Villers-la-Loue.
Thans : prov. Luxemburg, arr. Virton.
Eertijds : hertogdom Luxemburg.

**Verdwenen schandpaal van Houdrigny**

Er stond aldaar een galg en een schandpaal. In het begin van de 19de eeuw stond deze schandpaal er nog steeds, compleet met halsijzer. Thans is hij alleszins verdwenen, zelfs al op het einde van de 19de eeuw (Deldine, *Villers-la-Loue et ses environs*, in : „AIAL", 12, 1880, p. 94).

De heerlijkheid Houdrigny behoorde tot het hertogelijk domein, maar werd met alle rechtsmacht in leen gegeven aan tal van adellijke en niet-adellijke families (H. Hasquin e.a., *Gemeenten van België*, dl. IV, p. 2972-2973).

Meix-le-Tige : zie Saint-Léger, Meix-le-Tige (Lux.7)

### ⊗ (?) **Lux.6. RENDEUX**

Deelgemeente : Beffe.
Thans : prov. Luxemburg, arr. Marche-en-Famenne.
Eertijds : hertogdom Luxemburg.

#### Verdwenen (kaakrest-?)staakkapelletje te Beffe

Er stond eertijds te Beffe een staakkapelletje, dat een omgebouwde kaakrest zou zijn (volgens de A.C.L.-documentatie met foto uit W.O.I : B.16885). Dat laatste lijkt me evenwel betwijfelbaar.

Het monumentje is thans verdwenen (al meende ik eertijds dat het nog bewaard was : P. De Win, *Een aspect*, p. 109 nr. 109 ; Idem, *In het kader : de schandstraf-instrumenten*, p. 156 nr. 110 ; zie ook : F. Moens, *Schandpalen*, p. 278 nr. 34).

Het monumentje zag er uit als een korte cilindrische zuil met rond kapiteel, bekroond door een afgeknotte kegel. De arduinen zuil stond op een natuurstenen cilindrische basis waarop een ronde arduinen plaat rustte. In de zuil was dan het kapelletje gemaakt, stevig afgesloten door een ijzeren deurtje. Het geheel lijkt ongeveer 1,50 meter hoog te zijn geweest (P. De Win, *Schandstraffen in België* (doct. diss.), dl. II-A, nr. 287 (Lux.6) met afb.).

Beffe ressorteerde onder het Hof van La Sarte en was een onderdeel van het Land van Durbuy (H. Hasquin e.a., *Gemeenten van België*, dl. III, p. 1530).

### ⊗ **Lux.7. SAINT-LÉGER**

Deelgemeente : Meix-le-Tige.
Thans : prov. Luxemburg, arr. Virton.
Eertijds : hertogdom Luxemburg.

#### Verdwenen schandpaal van Meix-le-Tige

Men had de gewoonte te Meix-le-Tige om de veroordeelde aan een „chacron" — een soort paal — vast te maken in geval van een veroordeling tot tepronkstelling. Deze paal stond in het dorp Le Tige op de weg van Longwy naar Habay (E. Tandel, *Les communes luxembourgeoises*, in : „AIAL", 22, 1889, p. 497-498).

### ⊗ **Lux.8. VIRTON** (afb. 74)

Deelgemeente : Virton.
Thans : prov. Luxemburg, arr. Virton.
Eertijds : graafschap Chiny, later hertogdom Luxemburg.

### Verdwenen schandpaal van Virton

Deze schandpaal of „carcan" bestond uit een stenen balkvormige sokkel van 70 cm hoog, 20 cm diep en 35 cm breed en een halsijzer, bevestigd aan een ijzeren stang met gat in de muur. Die stang was aangebracht op 2,50 meter hoogte in de muur van een huis. Deze gevelkaak bevond zich tot omstreeks 1910 aan de hoek van het huis Goëtz nabij de stadshalle.

De sokkel verdween omstreeks 1890, de stang omstreeks 1910. Het halsijzer was tevoren reeds verdwenen (E. Moutarde, *Le pilori de Virton*, in : „AIAL", 47, 1912, p. 451 met tekeningen ; ik meende eertijds dat deze kaakresten nog bewaard gebleven waren : P. De Win, *Een aspect*, p. 109 nr. 110, alsook Idem, *In het kader : de schandstrafinstrumenten*, p. 156 nr. 111).

In 1780 is er alleszins sprake van deze „carcan" in een reglement, uitgaande van het stadsbestuur van Virton, om de plunderaars van hovingen te bestraffen (art. 35 van het op 17 mei 1781 door hogerhand bekrachtigde reglement) (zie : E. Moutarde, *o.c.*, p. 451-452).

# IX

## PROVINCIE NAMEN

AISCHE-EN-REFAIL : zie EGHEZÉE, Aische-en-Refail (N.8)

### ⊗ N.1. ANDENNE

Deelgemeente : ANDENNE.
Thans : prov. en arr. Namen.
Eertijds : graafschap Namen.

VERDWENEN „PERRON" VAN ANDENNE

Op een gezicht van de „Ban d'Andenne" omstreeks 1600 staat op het hoofdplein een paal op drie cirkelvormige treden afgebeeld (J.-M. DUVOSQUEL (ed.), *Albums de Croÿ*. XVI. *Comté de Namur*, dl. III, Brussel, 1989, p. 98 en Pl. 229). Het zou hier gaan om „le pairon d'Andenne", dat Gilles le Marcassin in 1600 diende te „faire refaire à ses coust et dépens", omdat hij een gerechtsofficier van het kapittel had beledigd (L. LAHAYE, *Cartulaire de la commune d'Andenne*. I. *1101 à 1620*, „Documents inédits relatifs à l'histoire de la province de Namur", Namen, 1896, p. 233-234 ; cf. J.-M. DUVOSQUEL (ed.), *o.c.*, *l.c.*). Het „pairon" werd ook als schandpaal gebruikt (cf. A. MELIN, *Histoire de la ville et du ban d'Andenne*, Luik, 1928, p. 53).

Er zijn enkele casussen bekend uit de 17de-18de eeuw, waarbij een veroordeling tot tepronkstelling „au carcan" werd uitgesproken en uitgevoerd. Zo is er sprake van een strafuitvoering in een „enquête" van 1614. In 1671 werd een man wegens blasfemie tot allerlei boetedoeningen veroordeeld op straffe van „estre mis au carcan" in geval van recidive. In 1755 werd een vrouw wegens het stelen van een rok veroordeeld „d'être attachée aux estaples de ce lieu d'Andenne dimanche prochain à la sortie de la messe paroissiale et, le carcan au col, y rester exposée l'espace de deux heures pour servir d'exemple au peuple" alvorens voor 20 jaar uit Andenne te worden verbannen. De veroordeling werd uitgesproken op 28 augustus 1755 en diende normaliter op zondag 31 augustus uitgevoerd te worden op de plaats Staple genaamd voor het stadhuis, maar het verzet van de plaatselijke bevolking was dermate groot dat de strafuitvoering diende uitgesteld te worden : eerst vond men het halsijzer van de kaak niet meer terug en vond men niemand bereid om een nieuw te maken, zodat de overheid besloot de veroordeelde met een koord aan de bevestigingsring voor het halsijzer vast te maken ; vervolgens werd niemand bereid gevonden om als scherprechter op te treden, zodat men er één van elders moest halen ; ten slotte werd de straf stiekem voorbereid en uitgevoerd een week later, tot grote woede van de bevolking (A. MELIN, *o.c.*, p. 48-53).

Dorp en ban van Andenne werden in het begin van de 12de eeuw aan de abdij van de H. Begga geschonken, maar de graaf van Namen behield er de voogdij. Het bestuur was in handen van wereldlijke kanunniken (kapittel van de H. Begga) (A. MELIN, *o.c.*, p. 44 sqq. ; H. HASQUIN e.a., *Gemeenten van België*, dl. III, p. 1424-1426).

### ⊗ N.2. ANDENNE

Deelgemeente : BONNEVILLE.
Thans : prov. en arr. Namen.
Eertijds : graafschap Namen.

#### VERDWENEN SCHANDPAAL VAN BONNEVILLE

Op een gezicht van Bonneville omstreeks 1600 staat op het hoofdplein een eenvoudige houten paal afgebeeld (J.-M. DUVOSQUEL (ed.), *Albums de Croÿ. XVI. Comté de Namur*, dl. III, Brussel, 1989, p. 118 en Pl. 239). Het zou hier gaan om de „pilori" van de heerlijkheid (J.-M. DUVOSQUEL (ed.), *o.c.*, *l.c.*).

De heerlijkheid Bonneville behoorde tot 1637 toe aan de familie van Namen van Elzée, waarna ze in pacht werd gegeven aan Jacques de Zualart ; op het einde van de 17de gaat de heerlijkheid over in handen van de familie de Tignée en ten slotte in het midden van de 18de eeuw in deze van de familie de Jaminet (H. HASQUIN e.a., *Gemeenten van België*, dl. III, p. 1598).

### ■ (?) N.3. ASSESSE

Deelgemeente : ASSESSE.
Thans : prov. en arr. Namen.
Eertijds : graafschap Namen.

#### (KAAK-?)RESTANT VAN MIANNOYE

In het park van het kasteel van Miannoye tegen de gevel van de kapel, die in 1732 werd opgericht, ligt een restant dat traditioneel wordt aangeduid als *pierre de justice* of schandpaal (cf. brief van dhr. N. Eloy d.d. 27 september 1959 ; foto uit 1944 : A.C.L. A.85137).

Het restant heeft een vierkante onderzijde en halve cirkels als zijkanten. Het loopt bovenaan uit in een rond vlak, waarop een stuk cilindrische kolom staat.

De vorm doet eerder denken aan een omgekeerde doopvontrest dan aan een schandpaalbasis (zie ook : F. MOENS, *Schandpalen*, p. 278 ; P. DE WIN, *Een aspect*, p. 109 nr. 111 ; IDEM, *In het kader : de schandstrafinstrumenten*, p. 156 nr. 112 ; IDEM, *Schandstraffen in België* (doct. diss.), dl. II-B, nr. 290 (N.1) met afb.). Persoonlijk betwijfel ik dan ook ten zeerste dat het hier een kaakrest betreft.

Enerzijds wordt beweerd dat het een fragment van de schandpaal van Miannoye zou zijn, anderzijds dat het restant van elders afkomstig zou zijn. Miannoye was een heerlijkheid met alle rechtsmacht, ressorterend onder het prinsbisdom Luik, en in de

18de eeuw in handen van de familie de Mettecoven (P. De Borman, *Les châteaux de la province de Namur*, in : „GW", nr. 111-113, 1952-53, p. 170-171).

**Beez** : zie Namur, Beez (N.18)

### ⊗ N.4. CERFONTAINE

Deelgemeente : Cerfontaine.
Thans : prov. Namen, arr. Philippeville.
Eertijds : prinsbisdom Luik.

**Verdwenen schandpaal van Cerfontaine**

Volgens de traditie stond er een „carcan ou pilori" op de huidige *Place du Carcan* van Cerfontaine. Het zou een stenen paal met halsijzer geweest zijn (Philippe, *Un coin ignoré de l'Entre-Sambre-et-Meuse. Cerfontaine dans le Passé*, Namen, 1937, p. 39 (cf. in : „GW", 13, 1936-37, p. 45).

De heerlijkheid ressorteerde onder het prinsbisdom Luik en haar geschiedenis viel nauw samen met die van Florennes. Ze was in het bezit van de familie de Lorraine om in 1494 over te gaan in dat van de familie de Vaudémont ; in 1594 volgde de famille de Millendonck de familie van Ghoor op om ongeveer honderd jaar later tot het einde van het Ancien Régime in handen te komen van het geslacht Croÿ-Solre (Philippe, *o.c.* ; H. Hasquin e.a., *Gemeenten van België*, dl. III, p. 1668-1669).

### ⊗ N.5. COUVIN

Deelgemeente : Couvin.
Thans : prov. Namen, arr. Philippeville.
Eertijds : prinsbisdom Luik.

**Verdwenen schandpaal van Couvin**

Er bestaat nog steeds een *Rue du Pilori* te Couvin (A.H., *Piloris*, in : „Jadis", 11, 1908, p. 14 ; *Le Patrimoine monumental de la Belgique. Wallonie*, dl. IX-1, Luik, 1982, p. 105).

Couvin was een stad die ressorteerde onder het prinsbisdom Luik (H. Hasquin e.a., *Gemeenten van België*, dl. III, p. 1743-1745 ; graaf de Villermont, *Essai historique sur Couvin et sa châtellenie*, in : „ASAN", 11-13, 1870-75, *passim*, waarin evenwel nergens van een schandpaal of tepronkstellingen gewag wordt gemaakt).

Er stond eertijds ook een 'perron' te Couvin (zie Comte de Villermont, *o.c.*, 13, 1975, p. 165-166, d.d. 1582).

**Dave** : zie Namur, Dave (N.19)

### ■ (?) N.6. DINANT

Deelgemeente : Foy-notre-Dame.
Thans : prov. Namen, arr. Dinant.
Eertijds : prinsbisdom Luik.

(Schandpaal-?) kruis van Foy-Notre-Dame

Te Foy-Notre-Dame staat er op het kerkhof naast de kerk (*Rue du Mahène*) een kruis, waarvan de functie niet helemaal duidelijk is (*Foy-Notre-Dame. Het heiligdom en zijn geschiedenis*, Dinant, z.j. ; [D. Wautelet-Delahaie e.a.], *Wallonië. Toeristische gids 1982-1983*, Luik, 1982, p. 236), maar dat wel eens in de literatuur als een schandpaal wordt omschreven (J. Van Overstraeten, *Gids voor Wallonië en het groothertogdom*, Antwerpen, 1958, p. 80 en 144 ; vandaar ook opgenomen bij P. De Win, *Een aspect*, p. 109 nr. 112 ; Idem, *In het kader : de schandstraf-instrumenten*, p. 156 nr. 113) of als laatste halte voor terdoodveroordeelden naar de executieplaats (F. Moens, *Symbolen van Feodale Macht*, in : „TTCB", 54, 1948, nr. 22, p. 258 met afb.).

Een schandpaal op deze bedevaartplaats lijkt weinig waarschijnlijk. Het kruis staat evenwel niet op de plaats waar het miraculeuze Mariabeeldje werd gevonden in 1609. De kerk zelf werd gebouwd in 1622-26, maar het kruis dateert uit 1633 (volgens jaartal op de basis, al staat op een brokstuk onder de boom het jaartal „1731" vermeld en werd het kruis volgens een bronzen plaatje achteraan heropgericht in 1909).

Het kruis staat ongeveer een meter van een oude boom af op drie treden. De bovenste trede is rechthoekig ; de beide onderste zijn rechthoekig met afgesneden hoeken. Deze treden dateren vermoedelijk uit de tijd van het eerste kruis (1633?). Het kruis zelf heeft een globale hoogte van ca. drie meter. Het is in barokstijl uitgevoerd met verschillende medaillons op de zuil en onderaan het jaartal „1633" naast het Maria-symbool. Bovenaan is langs beide zijden een medaillon met voorstelling aangebracht (voorkant : kruisiging met Maria en Johannes ; achteraan : biddende en geknielde figuur voor het kruis). Middenin is langs beide zijden een blind medaillon zichtbaar, wellicht eertijds versierd met geschilderde tafereeltjes (vgl. F. Moens, *o.c.*, p. 258). Onderaan zijn twee bronzen plaatjes aangebracht (voorkant : „Christo redemptori inclytaeque matri divae Foyensi sacrum" ; achterkant : „Nefarie olim deformatum pristinae restituor integritati anno MCMIX"). Restanten van een vroeger kruis (uit 1731?) liggen nog tussen de wortels van de boom (P. De Win, *Schandstraffen in België* (doct. diss.), dl. II-B, nr. 292 (N.3) met afb.).

*Inventaris* : bezoek ter plaatse in 1982.

*Foto's* : P.D.W. 1982.

## ⊗ N.7. DOISCHE

Deelgemeente : Soulme.
Thans : prov. Namen, arr. Philippeville.
Eertijds : prinsbisdom Luik.

Verdwenen schandpaal van Soulme

Op 16 november 1550 werd er vóór de kerk van Soulme een schandpaal geplant („une estache où qu'il y a affichet ung carkan et ce pour punir les mavais garchons et gens quy seront mesus") in aanwezigheid van de houder van de hoge rechtsmacht van de heerlijkheid, de toenmalige abt van Florennes (Namen, A.É., Fonds Abdij van Florennes, reg. nr. 6, f° 111 r° ; E. Brouette, *Le pilori de Soulme*, in : „La Vie wallonne", 23, 1949, p. 135-136).

In de 18de eeuw was deze schandpaal reeds geruime tijd verdwenen (E. Brouette, *o.c.*, p. 136).

De abdij van Florennes bezat de drie graden van rechtsmacht in de heerlijkheid Soulme vanaf de late middeleeuwen tot aan de Franse Tijd (E. Brouette, *o.c.*, p. 136 ; H. Hasquin e.a., *Gemeenten van België*, dl. IV, p. 2817-2818).

### ⊗ N.8. EGHEZÉE

Deelgemeente : Aische-en-Refail.
Thans : prov. en arr. Namen.
Eertijds : graafschap Namen.

#### Verdwenen schandpaal van Aische-en-Refail

De schandpaal stond alleszins op de markt van Aische-en-Refail, zoals blijkt uit een strafuitvoering in 1776, al maakte men toen voor de geseling gebruik van een gelegenheidsschavot in plaats van de schandpaal (zie : E. Del Marmol, *Notice historique sur les villages d'Aische-en-Refail et de Liernu*, in : „ASAN", 1, 1849, p. 279-280 ; P. De Win, *Een aspect*, p. 97 nt. 118 en p. 103 nt. 173 ; E. Verhelst, *Étude de géographie locale : Aische-en-Refail*, in : „Bulletin de la Société royale belge de Géographie", 19, 1895, p. 321).

Deze schandpaal stond er tot aan de Franse Tijd. Hij bestond uit een stenen schacht op drie treden, met de wapens van de plaatselijke heer als bekroning (E. Del Marmol, *o.c.*, p. 285 nt. 4). Restanten van deze paal zouden in 1895 nog bewaard gebleven zijn, nl. een stuk van de treden en een gedateerde steen met het jaartal „1649" (E. Verhelst, *o.c.*, p. 228).

In een akte d.d. 22 september 1733 is er sprake van een „perron" aldaar, wat sommige auteurs liet veronderstellen dat er naast de schandpaal ook nog een 'perron' op de markt gestaan zou hebben (o.m. F. Tihon, *Notes sur les perons*, in : „BIAL", 40, 1910, p. 21 en 24 ; graaf Goblet d'Alviella, *Perrons Wallonie*, p. 381). Naar analogie met enkele andere voorbeelden werd de schandpaal ook hier vermoedelijk 'perron' geheten, zodat er dus naar alle waarschijnlijkheid maar één monumentje te Aische-en-Refail stond (cf. E. Del Marmol, *o.c.*, p. 285-286 nt. 4 ; cf. [...], *Piloris*, in : „Jadis", 12, 1908, p. 15).

Aische-en-Refail was trouwens een heerlijkheid met alle rechtsmacht ressorterend onder het graafschap Namen. Op 27 november 1647 werd de heerlijkheid openbaar verkocht aan Aloys du Bois, wiens familie de heerlijkheid in handen hield tot 1762 ; via een erfdochter kwam het goed vervolgens in handen van de familie de Neuf em uiteindelijk van de graaf d'Oultremont (zie : E. Verhelst, *o.c.*, p. 294-296 ; H. Hasquin e.a., *Gemeenten van België*, dl. III, p. 1410-1411).

Het monumentje mocht dan 'perron' geheten zijn, het was dus duidelijk een schandpaal of heerlijkheidsteken en niet een symbool van de prinsbisschoppelijk suprematie.

Volgens het jaartal op de eertijds bewaarde steen zou de paal opgericht zijn in 1649, d.w.z. onder de eerste verwerver van de familie du Bois (E. Verhelst, *o.c.*, p. 228). In dit verband weze aangegeven dat de familie de Neuf als heren van Wommelgem (prov. Antwerpen) te Wommelgem een schandpaal hebben opgericht, die thans nog bewaard is gebleven (zie aldaar, A.43).

De schandpaal werd door de Franse revolutionaire troepen omstreeks 1792 vernield (E. Del Marmol, *o.c.*, p. 291).

### ⊗ N.9. EGHEZÉE

Deelgemeente : Bolinne.
Thans : prov. en arr. Namen.
Eertijds : graafschap Namen.

**Verdwenen schandpaal van de heerlijkheid Harlue te Bolinne**

Op een gezicht van de heerlijkheid Harlue te Bolinne omstreeks 1600 staat op het hoofdplein een eenvoudige houten paal afgebeeld (J.-M. Duvosquel (ed.), *Albums de Croÿ. XVI. Comté de Namur*, dl. III, Brussel, 1989, p. 70 en Pl. 215). Het zou hier gaan om de schandpaal van de heerlijkheid (J.-M. Duvosquel (ed.), *o.c.*, *l.c.* : „poteau de justice").

De heerlijkheid Harlue was één van de twee heerlijkheden op het grondgebied van Bolinne. In het begin van de 16de eeuw was de heerlijkheid met kasteel en toebehoren alleszins in het bezit van de familie de Heyenhoven, waarna zij via huwelijk in handen kwam van de familie de Liedekerke, die ze behield van 1664 tot aan de Franse Tijd (H. Hasquin e.a., *Gemeenten van België*, dl. III, p. 1588).

### ⊗ N.10. EGHEZÉE

Deelgemeente : Liernu.
Thans : prov. en arr. Namen.
Eertijds : graafschap Namen.

**Verdwenen schandpaal van Liernu**

De schandpaal stond op de markt van Liernu opgesteld tegenover de kerk. Op 13 augustus 1764 deed de toenmalige heer, Antoine-Joseph baron de Sohlern (leenverhef in 1757 en gestorven in 1781), er één oprichten, bekroond met zijn wapens. De plechtigheid verliep evenwel niet zonder animositeit. Een vrouw, die naast de schandpaal woonde, leverde nogal vrijmoedig kritiek op de plaatsing van de paal. Zij diende zich op 28 augustus 1764 voor de rechtbank te verantwoorden, maar kwam er met excuses en de gerechtskosten vanaf (E. Del Marmol, *Notice historique sur les villages d'Aische-en-Refail et de Liernu*, in : „ASAN", 1, 1849, p. 315-317).

De schandpaal was in hout opgetrokken en werd door de Franse revolutionaire troepen omstreeks 1792 omvergetrokken (E. Del Marmol, *o.c.*, p. 317).

Voor zover bekend, werden er geen vonnissen aan de schandpaal zelf uitgevoerd. Wel werden er enkele lijfstraffen (geseling en brandmerking) uitgevoerd op een gelegenheidsschavot (zo o.m. in 1754 en 1767 : E. Del Marmol, *o.c.*, p. 310-311 ; P. De Win, *Een aspect*, p. 97 nt. 118 en p. 103 nt. 173).

In een register is er d.d. 13 mei 1755 sprake van een „perron" te Liernu (cf. E. Del Marmol, *o.c.*, p. 317 nt. 2). Dit deed sommige auteurs veronderstellen dat er naast de schandpaal ook nog een 'perron' gestaan zou hebben te Liernu (o.m. P. Tihon, *Notes sur les perons*, in : „BIAL", 40, 1910, p. 21 en 24 ; graaf Goblet d'Alviella, *Perrons Wallonie*, p. 381). Evenals te Aische-en-Refail (*supra* sub N.8) treed ik evenwel de stelling van Del Marmol bij dat het om één en hetzelfde monumentje ging (E. Del Marmol, *o.c.*, p. 285-286 nt. 4 en p. 317 nt. 2).

Liernu was trouwens een heerlijkheid met alle rechtsmacht ressorterend onder het graafschap Namen. Op 22 september 1688 werd de heerlijkheid met alle rechtsmacht door de vorst verkocht aan Sigisfroid-Angelate de Cracempach. In 1757 kwam het goed in handen van Antoine-Joseph baron de Sohlern en in 1781 van Meester Jean-Baptiste-Isidore Hanolet (E. Del Marmol, *o.c.*, p. 304-305 ; H. Hasquin e.a., *Gemeenten van België*, dl. III, p. 2258). Het monumentje is dus duidelijk een schandpaal of heerlijkheidsteken en geen symbool van prinsbisschoppelijke suprematie.

**Ernage** : zie Gembloux-sur-Orneau, Gembloux-Ernage (N.12)

**Falaën** : zie Onhaye, Falaën (N.22)

## ⊗ N.11. FLORENNES

Deelgemeente : Rosée.
Thans : prov. Namen, arr. Philippeville.
Eertijds : graafschap Namen.

### Verdwenen schandpaal van Rosée

Op een dorpsgezicht van Rosée omstreeks 1600 staat op het voorplan een eenvoudige houten paal met halsijzer afgebeeld (J.-M. Duvosquel (ed.), *Albums de Croÿ. XV. Comté de Namur*, dl. II, Brussel, 1987, p. 115 en Pl. 115). Het gaat hier duidelijk om een schandpaal (J.-M. Duvosquel (ed.), *o.c.*, *l.c.* : „pilori"). Het tafereeltje beeldt zelfs een gevangene uit, die naar de door twee gewapende mannen bewaakte schandpaal wordt geleid.

De hoge heerlijkheid Rosée was in handen van particuliere heren, in de 18de eeuw alleszins uit de familie Jacquier de Rosée (H. Hasquin e.a., *Gemeenten van België*, dl. IV, p. 2696).

**Foy-Notre-Dame** : zie Dinant, Foy-Notre-Dame (N.6)

*Gembloers* : zie Gembloux-sur-Orneau

## ⊗ N.12. GEMBLOUX-SUR-ORNEAU (Gembloers)

Deelgemeente : Gembloux-Ernage.
Thans : prov. en arr. Namen.
Eertijds : hertogdom Brabant.

### Bewaarde kaakrest van Walhain

*A. Huidige opstelling*

Temidden het veld nabij de baan Waver-Gembloers tussen het centrum van Ernage (thans gehucht van Gembloers) en Walhain (prov. Brabant). Volgens de stafkaart ligt het restant nog juist op het grondgebied van Ernage. De thans vrijwel begraven steen heet „Grosse Pierre" (cf. E. B[ourguignon], p. 571) en zou de basis van de schandpaal van Walhain zijn (E. B[OURGUIGNON], p. 571 ; TARLIER en WAUTERS, p. 19 en 32-33).

*B. Herkomst en historisch overzicht*

(a) Afkomstig van heerlijkheid en graafschap WALHAIN (prov. Brabant) (cf. TARLIER en WAUTERS, p. 19 en 32-33).

(b) Waarschijnlijk opgericht door het Huis van Lotharingen, gezien er eertijds op de schacht een kruis van Lotharingen was aangebracht (TARLIER en WAUTERS, p. 32-33). Het Huis van Lotharingen regeerde over het graafschap Walhain tussen 1643, toen Beatrix de Cusance, hertogin van Lotharingen, het verkreeg, en 1739, toen de erfenis van Lotharingen-Vaudemont werd verworven door de prinses van Rohan-Soubise. Vermoedelijk werd de schandpaal opgericht onder Charles-Henri graaf van Vaudemont (leenverhef in 1663 en gestorven in 1723) (zie : TARLIER en WAUTERS, p. 29-30).

(c) Oprichtingsdatum : waarschijnlijk eind 17de-begin 18de eeuw.

(d) Oorspronkelijke opstelling : vermoedelijk ter plaatse, waar zich oorspronkelijk '*la justice*' van het graafschap Walhain bevond (E. B[OURGUIGNON], p. 571 ; TARLIER en WAUTERS, p. 19).

(e) Opgravings- en heroprichtingskroniek :
De basis zelf bleef ter plaatse, al is ze thans bijna volledig onder de grond verdwenen. De schacht zou lange tijd gelegen hebben in een weide nabij de ruïnes van de burcht van Walhain (cf. TARLIER en WAUTERS, p. 19 en 32-33), tot zij, naar men zegt, werd overgebracht naar het kasteel van Limelette bij Ottignies (E. B[OURGUIGNON], p. 571 : alleszins lang vóór 1920). Van deze schacht werd geen spoor meer teruggevonden.

*C. Beschrijving en afmetingen*

Zuiltype. Kalksteen van Ligny (volgens E. B[OURGUIGNON], p. 571).

(a) Bekroning : verdwenen.

(b) Schacht : in de 19de eeuw nog bewaard, vervolgens verplaatst en thans zoek. Het zou een balkvormige zuil zijn geweest met enkele renaissance-moulures, langs één zijde versierd met het kruis van Lotharingen (TARLIER en WAUTERS, p. 32-33).

(c) Basis : een stuk steen op vierkante basis van 50 × 50 cm (E. B[OURGUIGNON], p. 571).

*D. Specifieke bibliografie*

E. B[OURGUIGNON], *La Grosse Pierre d'Ernage*, in : „BTCB", 27, 1921, p. 571 ; P. DE WIN, *Een aspect*, p. 110 nr. 113 ; - IDEM, *In het kader : de schandstrafinstrumenten*, p. 156 nr. 114 ; IDEM, *Schandstraffen in België* (doct. diss.), dl. II-B, nr. 296 (N.7) (afb.) ; J. MARTIN, *Walhain dans l'histoire*, in : „Le Folklore brabançon", nr. 249, 1986, p. 30 ; J. TARLIER en A. WAUTERS, *Géographie et Histoire des communes belges. Arr. Nivelles, cant. Perwez*, Brussel, 1865, p. 19 en 32-33.

*E. Inventaris* : bezoek ter plaatse in 1983.

*F. Foto's* : P.D.W. 1983.

## ⊗ N.13. GEMBLOUX-SUR-ORNEAU (Gembloers)

Deelgemeente : GRAND-LEEZ.
Thans : prov. en arr. Namen.
Eertijds : hertogdom Brabant.

### VERDWENEN SCHANDPAAL VAN GRAND-LEEZ

Deze schandpaal zou gestaan hebben op een stuk land, geheten „Six-Justices" aan de zuidzijde van de gemeente, aan de grens van de gemeenten Lonzée, Meux en Saint-Denis. Volgens de mondelinge overlevering stond aldaar een houten staak, die werd aangewend voor tepronkstellingen en lijfstraffen (A.H., *Piloris*, in : „Jadis", 12, 1908, p. 14 ; G. NIHOUL, *Antiquités de Grand-Leez et ses environs*, in : „ASAN", 16, 1883, p. 13).

Grand-Leez en Petit-Leez waren beide hoge heerlijkheden, die ressorteerden onder het hertogdom Brabant. In 1614 werden beide heerlijkheden door de familie de La Marck verkocht aan de familie d'Argenteau, heren van Velaine-sur-Sambre. Via huwelijk kwamen beide heerlijkheden in 1677 ten slotte bij de familie van Loon-Corswarem terecht (H. HASQUIN e.a., *Gemeenten van België*, dl. III, p. 1985-1986).

**GOESNES** : zie OHEY, Goesnes (N.21)

**GRAND-LEEZ** : zie GEMBLOUX-SUR-ORNEAU, Grand-Leez (N.13)

**HARLUE** : zie EGHEZÉE, Bolinne (N.9)

## ■ N.14. LA BRUYÈRE (afb. 75-76)

Deelgemeente : VILLERS-LEZ-HEEST.
Thans : prov. en arr. Namen.
Eertijds : graafschap Namen.

### BEWAARDE SCHANDPAAL VAN VILLERS-LEZ-HEEST

*A. Huidige opstelling*

In het park van het kasteel van Villers (privé-bezit).

*B. Herkomst en historisch overzicht*

(a) Afkomstig van de heerlijkheid VILLERS(-lez-Heest).

(b) Opgericht door Nicolas-Charles-Joseph baron de Cuvelier († na 1794), die bij zijn eerste huwelijk op 18 juli 1761 met Theodora d'Hinslin de heerlijkheid Villers verkreeg van zijn vader en oom (leenverhef op 11 mei 1765 en, na hun dood, op 11 maart 1776 en 20 maart 1786) (DEL MARMOL, p. 213-214).

(c) Oprichtingsdatum : tussen 1765 en 1794, waarschijnlijk zelfs na 1786 (toen hij het goed volledig in zijn bezit had).

(d) Oorspronkelijke opstelling : op het dorpsplein, toen „Grand-Batis" geheten (DEL MARMOL, p. 199).

(e) Opgravings- en heroprichtingskroniek :
Alleszins vóór 1855 overgebracht naar het kasteelpark.
De schandpaal is bij K.B. d.d. 4 oktober 1974 als monument beschermd. Hij is dringend aan restauratie toe.

*C. Beschrijving en afmetingen*

Cilindrische zuilkaak (vierkante mengvorm). Arduin.
Globale hoogte : ca. drie meter.

(a) Bekroning : een bol met het familiewapen de Cuvelier langs vier kanten herhaald, gedragen door vier adelaars en bovenaan gedekt met de rangkroon van baron. Het wapen van de familie de Cuvelier is : in keel twee kepers van zilver beladen met acht hermelijnstaartjes van sabel, 5 en 3 geplaatst (J.-B. Rietstap, *Armorial général*, dl. I, p. 498 en ill. Rolland, dl. II, Pl. CLXIV).

(b) Schacht : een enigszins versmallende cilindrische zuil, die eertijds versierd was met een geel en zwart gekleurde tekstbanderol (aangebracht in de 19de eeuw?) (cf. brief van de eigenaar d.d. september 1982).
In de schacht zijn nog gaten zichtbaar waarin eertijds het ijzerwerk was vastgezet.

(c) Basis : drie vierkante treden (cf. Del Marmol, p. 199-200), thans grotendeels overgroeid.

*D. Specifieke bibliografie*

E. Del Marmol, *Notice historique sur le village de Villers-lez-Heest*, in : „ASAN", 4, 1855-56, p. 199-200 ; Ch.-A. de Trazegnies, *Provincie Namen in beeld*, Hasselt, 1981, p. 35 (afb.) ; P. De Win, *Een aspect*, p. 93 nt. 86 en p. 110 nr. 114 ; Idem, *In het kader : de schandstrafinstrumenten*, p. 156 nr. 115 ; Idem, *Schandstraffen in België* (doct. diss.), dl. II-B, nr. 298 (N.9) (afb.) ; Idem, *Twee modelpalen in Villers-lez-Heest*, in : „Het Volk", d.d. 24-25 augustus 1991 (afb.) ; F. Moens, *Schandpalen*, p. 29 en 278 nr. 33 ; *Le Patrimoine monumental de la Belgique. Wallonie*, dl. V-2, Luik, 1978, p. 796-797 (afb. Pl. 483) ; [...], *Piloris*, in : „Jadis", 11, 1907, p. 159-160 ; J. Van Overstraeten, *Gids voor Wallonië en het groothertogdom*, Antwerpen, 1958, p. 480 ; [D. Wautelet-Delahaie e.a.], *Wallonië. Toeristische gids 1982-1983*, Luik, 1982, p. 249.

*E. Inventaris* : bezoek ter plaatse in 1982.

*F. Foto's* : P.D.W. 1982 ; A.C.L. A.78790-A.78791 (1945).

## □ **N.15. LA BRUYÈRE** (afb. 77)

Deelgemeente : Villers-lez-Heest.
Thans : prov. en arr. Namen.
Eertijds : graafschap Namen.

**Bewaarde schandpaal van Aiseau**

*A. Huidige opstelling*

In het park van het kasteel van Villers (privé-bezit).

*B. Herkomst en historisch overzicht*

(a) Afkomstig van de heerlijkheid en het markgraafschap Aiseau (prov. Henegouwen).

(b) Opgericht, volgens het wapen, door de familie de Gavre, die de heerlijkheid reeds in 1566 bezat, maar ten gunste van wie de heerlijkheid Aiseau door de Spaanse koning Filips IV op 23 april 1625 tot markgraafschap was verheven (H. Hasquin e.a., *Gemeenten van België*, dl. III, p. 1411-1412). De oprichter zelf was waarschijnlijk Frédéric-Hyacinthe de Gavre, militair in Spanje, die na de dood van zijn vader (†5 november 1713) op 6 februari 1714 het markgraafschap Aiseau verhief en stierf te Barcelona in 1725 (Fichefet, p. 60). Ondanks zijn overwegend verblijf in Spanje hield hij er blijkbaar aan om zijn betrokkenheid bij de heerlijkheid via wapenschilden uit te drukken (o.m. zijn wapen boven de kasteelpoort uit 1722 : Fichefet, p. 60 met afb. Pl. 12-13). M.i. dient de oprichting van de schandpaal in dezelfde optiek gezien te worden. De mysterieuze cijfers („XIIII") onderaan het wapenschild zouden dan naar 1714 kunnen verwijzen, jaar waarin hij in het bezit van de heerlijkheid kwam. Men zou deze specifieke schrijfwijze zelfs kunnen uitleggen als een gezochte combinatie van twee cruciale jaartallen voor de oprichter (zie *infra*).

(c) Oprichtingsdatum : alleszins 18de eeuw, m.i. in 1714, gezien het cijfertal „XIIII" onder de bekroning (cf. *supra*). Dit merkwaardige cijfer is wellicht een wat gezochte combinatie van XIII = 1713 (erfenis van de heerlijkheid en feitelijke bezitter) en XIIII = 1714 (leenverhef en dus juridische bezitter).

(d) Oorspronkelijke opstelling : onbekend. Nabij kasteel of dorpsplein.

(e) Opgravings- en heroprichtingskroniek :
Na in de 19de eeuw overgebracht te zijn naar het kasteelpark van Villers, werd hij bij K.B. van 4 oktober 1974 als monument beschermd.

*C. Beschrijving en afmetingen*

Achthoekige zuilkaak. Arduin.
Globale hoogte : ca. 4 meter.

(a) Bekroning : een leeuw als houder van het wapen van de familie de Gavre ; boven het wapen een kroon en onder het wapen de Romeinse cijfers „XIIII".
Het wapen van de familie de Gavre, markgraven van Aiseau (sedert 23 april 1625) en prinsen de Gavre (sedert 13 juni 1736) is : in goud een leeuw van keel, geklauwd, getongd en getopt met een koninklijke kroon van azuur, met een groot uitgeschulpte schildboord van sabel (J.-B. Rietstap, *Armorial général*, dl. I, p. 750-751 en ill. Rolland, dl. III, Pl. XXIV).

(b) Schacht : een achthoekige zuil met profilering onderaan en vierkant kapiteel.
Midden op de zuil prijkt een grote leeuwekop in halfreliëf met een ijzeren ring in de bek (ongeveer twee meter boven de grond) voor het thans verdwenen halsijzer.
Hoogte : ca. 3 meter.

(c) Basis : verdwenen. Vermoedelijk oorspronkelijk enkele treden (de inplant van de zuil is zichtbaar).

*D. Specifieke bibliografie*

Ch.-A. de Trazegnies, *Provincie Namen in beeld*, Hasselt, 1981, p. 35 ; P. De Win, *Een aspect*, p. 93 nt. 86 en p. 110 nr. 115 ; Idem, *In het kader : de schandstrafinstrumenten*, p. 156 nr. 116 ; Idem, *Schandstraffen in België* (doct. diss.), dl. II-B, nr. 299 (N.10) (afb.) ; Idem, *De kaak van Aiseau*, in : „Het Volk", d.d. 28 augustus 1991 (afb.) ; J. Fichefet, *Histoire du Marquisat et de la commune d'Aiseau*, Aiseau, 1977, p. 82 ; G. Meersseman, *Vorm en Betekenis*, p. 100 ; F. Moens en P. De Win, *Hainaut*, p. 156 ; *Le Patrimoine monumental de la*

*Belgique. Wallonie*, dl. V-2, Luik, 1978, p. 796-797 (afb. Pl. 484) ; [D. WAUTELET-DELAHAIE e.a.], *Wallonië. Toeristische gids 1982-1983*, Luik, 1982, p. 249.

*E. Inventaris* : bezoek ter plaatse in 1982.

*F. Foto's* : P.D.W. 1982 ; A.C.L. A.78788-A.78789 (1945).

### ⊗ (?) N.16. LA BRUYÈRE

Deelgemeente : WARISOULX.
Thans : prov. en arr. Namen.
Eertijds : graafschap Namen.

VERDWENEN SCHANDPAAL VAN WARISOULX

In 1755 werd de hoge rechtsmacht van de heerlijkheid Warisoulx door keizerin Maria-Theresia verkocht aan Nicolas de Cuvelier, die ook reeds de hoge rechtsmacht van Villers-lez-Heest had bekomen. In de verkoopakte staat uitdrukkelijk vermeld dat de nieuwe heer de bevoegdheid had „d'établir et ériger signe patibulaire, carcan, pilori, prison et autres marques de justice et jurisdiction hautaine" (E. DEL MARMOL, *Notice historique sur le village de Warisoulx*, in : „ASAN", 4, 1855-56, p. 234-236 ; H. HASQUIN e.a., *Gemeenten van België*, dl. IV, p. 3030-3032).

Het staat evenwel niet vast of de nieuwe heer van deze bevoegdheid ook daadwerkelijk gebruik heeft gemaakt om aldaar een schandpaal op te richten. DEL MARMOL spreekt er niet over in zijn artikel betreffende Warisoulx (*o.c.*, p. 224-242), al was het hem alleszins bekend dat deze familie te Villers-lez-Heest een schandpaal heeft opgericht (zie sub N.9). De schandpaal te Villers-lez-Heest bewijst wel dat de familie de Cuvelier haar rechten ook met uitwendige symbolen wilde beklemtonen, wat zij mogelijk ook te Warisoulx deed. Anderzijds zou Nicolas de Cuvelier voor het leen slechts op 1 maart 1792 verhef hebben gedaan (E. DEL MARMOL, *o.c.*, p. 236-237), d.w.z. vlak vóór de eerste Franse inval, wat hem mogelijk onvoldoende tijd gelaten heeft om er een op te richten.

LAVAUX-SAINTE-ANNE : zie ROCHEFORT, Lavaux-Sainte-Anne (N.25)
⇒ thans bewaard te MORLANWELZ, Morlanwelz-Mariemont (prov. Henegouwen, H.83)

LIERNU : zie EGHEZÉE, Liernu (N.10)

LUSTIN : zie PROFONDEVILLE, Lustin (N.23)

### ⊗ N.17. METTET

Deelgemeente : SAINT-GÉRARD.
Thans : prov. en arr. Namen.
Eertijds : graafschap Namen.

VERDWENEN „PERRON" VAN SAINT -GÉRARD

Op een dorpsgezicht van Saint-Gérard, eertijds Brogne geheten, omstreeks 1600 staat op het dorpsplein een mooie stenen paal op enkele treden afgebeeld ; de paal is bekroond met een bol en wapenvaantje (J.-M. Duvosquel (ed.), *Albums de Croÿ. XV. Comté de Namur*, dl. II, Brussel, 1987, p. 87 en Pl. 101).

M.i. gaat het hier om de schandpaal van de heerlijkheid, die ook wel eens „perron" werd genoemd (cf. J.-M. Duvosquel (ed.), *o.c.*, *l.c.*).

Dit „perron" mag evenwel niet verward worden met het wegkruis dat eertijds nabij de abdij stond (afgebeeld in dezelfde *Albums* : J.-M. Duvosquel (ed.), *o.c.*, Pl. 102 en Idem, *Albums de Croÿ. XIV. Comté de Namur*, dl. I, Brussel, 1986, Pl. 9).

Nabij de abdijgebouwen wordt nog een achthoekige arduinen paal bewaard, thans getooid met een beeldje van de H. Gerardus. Mogelijk is dit een restant van de oude schandpaal, zoals wel eens wordt beweerd. In de abdij wordt overigens nog de z.g. „pierre de justice de St-Gérard" bewaard in de z.g. „trou des plaids" ; het is een monumentale stenen tafel op twee massieve zuilen, waaraan eertijds recht gesproken zou zijn (zie o.m. L. Lebrun, *La Pierre de Justice de Saint-Gérard*, in : „GW", 7, 1930-31, p. 90-92 met tek. ; E. Del Marmol, *L'abbaye de Brogne ou de Saint-Gérard*, in : „ASAN", 5, 1857-58, p. 415-416 met tek. ; G. François, *Notice archéologique sur l'ancienne abbaye de Saint-Gérard*, Maredsous, z.j., p. 14 en Pl. 8 ; F. Moens, *Symbolen van Feodale Macht*, in : „TTCB", 54, 1948, nr. 22, p. 257 met afb. ; *Le Patrimoine monumental de la Belgique. Wallonie*, dl. V-2, Luik, 1978, p. 676).

Brogne, sedert de 17de eeuw Saint-Gérard genoemd naar de abdij van St.-Gérard, werd als allodiaal goed gehouden door deze belangrijke Benediktijnerabdij ; de abt oefende er alle rechten uit (H. Hasquin e.a., *Gemeenten van België*, dl. IV, p. 2720-2721).

**Mont** : zie Sombreffe, Sombreffe (N.26)

**Montaigle** : zie Onhaye, Falaën (N.22)

*Namen* : zie Namur

## ⊗ N.18. NAMUR (Namen)

Deelgemeente : Beez.
Thans : prov. en arr. Namen.
Eertijds : graafschap Namen.

### Verdwenen schandpaal van Beez

Op het dorpsplein werd in 1753-1754 een schandpaal geplant, versierd met een heerlijk wapenvaantje („pour signe visible et permanent de sa hauteur avons fait planter un pilori ou pairon surmonté d'une bannière à ses armes" : Brussel, A.R.A., Rekenkamer, nr. 847, f° 290 v° ; E. Del Marmol, *Notice historique sur le village de Beez*, in : „ASAN", 16, 1883, p. 351 ; de verpandingsakte zelf dateert van 9 januari 1755 : Brussel, A.R.A., Rekenkamer, nr. 847, f° 290 v° - 293 r°).

Tot 1753 was de heerlijkheid in het bezit van de graven van Namen. In 1753 werd de heerlijkheid met alle graden van rechtsmacht door de vorst verpand aan Thérèse-Lucie de Polchet de Montaigle (toewijzing op 27 maart 1753 ; leenverhef op 28 november 1754 ; open pandbrief d.d. 9 januari 1755). Daarna kwam het goed achtereenvolgens in handen van de families de Cassal (1755-1768), de Coppin (1769-

1774), Dormer (1774-1785) en ten slotte Collard (1785-Franse Tijd) (zie E. Del Marmol, *o.c.*, p. 351).

**N.19. NAMUR** (Namen) (afb. 78)

Deelgemeente : Dave.
Thans : prov. en arr. Namen.
Eertijds : graafschap Namen.

Schandpaalreconstructie

*A. Huidige opstelling*

In de *Rue de l'Église* tegen de kerkhofmuur aan.

*B. Herkomst en historisch overzicht*

Blijkbaar bestond er nog een schandpaal te Dave in de 19de eeuw en het begin van de 20ste eeuw (Del Marmol, p. 200 nt. 1, anno 1855 ; „Jadis", 11, 1907, p. 159 ; Toussaint, p. 8, die vermeldt dat hij toen [anno 1892] reeds lang gebroken was).

De huidige schandpaal is een reconstructie, opgericht in november 1968 (cf. „La Dernière Heure", d.d. 23 november 1968). Het opschrift op een steen ervoor luidt : „EXISTAIT SUR CETTE PLACE AU X$^{me}$ (*sic* !) SIÈCLE OÚ ÉTAIENT ATTACHÉS LES CONDAMNÉS".

In de 18de eeuw stond er alleszins een schandpaal nabij deze plaats opgesteld, getuige een kaart uit 1745, waarop hij afgebeeld staat als een zuilkaak op één trede met een vlag in top (tek. in : Lanotte, p. 7 Pl. 3).

Dave was een heerlijkheid met alle rechtsmacht ressorterend onder het graafschap Namen en sedert 1284 tot aan de Franse Tijd in het bezit van belangrijke families (zie H. Hasquin e.a., *Gemeenten van België*, dl. III, p. 1762-1764).

*C. Beschrijving en afmetingen*

Het monumentje heeft enigszins de vorm van een rotskaak.

Het is een soort afgeknotte kegel, geplaatst op een vierkante trede ; De kegel is eerder ruw gehakt uit hardsteen en is 1,80 meter hoog. Op ongeveer 1,20 meter hoogte is een ijzeren ring bevestigd, waarschijnlijk om de polsen aan vast te ketenen.

*D. Specifieke bibliografie*

E. Del Marmol, *Notice historique sur le village de Villers-lez-Heest*, in : „ASAN", 4, 1855-56, p. 200 nt. 1 ; „La Dernière Heure", d.d. 23 november 1968 (heroprichting schandpaal) ; P. De Win, *Een aspect*, p. 110 nr. 116 ; Idem, *In het kader : de schandstrafinstrumenten*, p. 156 nr. 117 ; Idem, *Schandstraffen in België* (doct. diss.), dl. II-B, nr. 302 (N.13) (afb.) ; A. Lanotte, *L'Église de Dave. Monographie archéologique*, in : „ASAN", 1943, p. 7 (tek.) ; [...], *Piloris*, in : „Jadis", 11, 1907, p. 159 ; Chanoine Toussaint, *Histoire de la seigneurie de Dave*, Namen, 1892, p. 8.

*E. Inventaris* : bezoek ter plaatse in 1982.

*F. Foto's* : P.D.W. 1982.

## ⊗ N.20. **NAMUR** (Namen)

Deelgemeente : NAMUR.
Thans : prov. et arr. Namen.
Eertijds : graafschap Namen.

### I. VERDWENEN SCHANDPALEN TE NAMEN

In een stadsrekening van 1495 is er meermaals sprake van werkzaamheden aan de „pillori" of „pillory" nabij de brug over de stadsgracht buiten de „Porte Sai(e)neal". Daaruit blijkt dat het een houten constructie was, afgedekt met een rood schaliedak. Alles wijst erop dat het om een soort toren- of lantaarnkaak ging (zie : [...], *Fourches patibulaires de la justice de Namur*, in : „ASAN", 7, 1861-62, p. 195-196).

Er zijn enkele veroordelingen tot tepronkstelling te Namen bekend. In 1522-27 werd een godslasteraar gedurende drie uren aan de „quarquant" gesteld en vervolgens verbannen, terwijl op 15 september 1526 een godslasteraar „sur leschaffault" werd gebrandmerkt en gedurende één uur te pronk gesteld vooraleer te worden verbannen (zie P. FREDERICQ e.a., *Corpus documentorum Inquisitionis haereticae pravitatis Neerlandicae. Verzameling van stukken betreffende de pauselijke en bisschoppelijke inquisitie in de Nederlanden*, Gent-'s Gravenhage, 1889-1902, dl. V, p. 183 nr. 564 en p. 149 nr. 533).

### II. VERDWENEN „PERRONS" TE NAMEN

Men kende te Namen meerdere jurisdicties (zie o.m. NAM[ÈCHE], *Documents relatifs aux anciennes Cours de Justice de Namur*, in : „ASAN", 6, 1859-60, p. 329-344), waarvan de hoge rechtsmacht soms werd uitgedrukt of gesymboliseerd door een soort 'perron' of 'pierre de justice'. Aan of nabij deze 'perrons' zetelden de schepenen van de heerlijkheid, werden de namen van voortvluchtigen afgeroepen, werden wetten afgekondigd, vonden verkopingen plaats e.d. Aan of in de buurt ervan werden zelfs straffen uitgevoerd. Deze 'perrons' hadden dus dezelfde symbolische waarde als de schandpalen.

(a) Het 'perron' van Namen op de *Place Saint-Rémy.*

Dit 'perron' was opgetrokken in steen en bestond uit een stenen zuil op een zevental treden. Het symboliseerde de rechtsmacht van de schepenen van de stad en was een geografisch meetpunt. Het 'perron' werd reeds in 1285 vermeld om in mei 1515 te worden afgebroken (zie o.m. J. BORGNET, *L'Hôtel-de-Ville et le Perron de Namur*, in : „Messager des Sciences historiques", 1846, p. 232-239 ; IDEM, *Perons et pierres de justice à Namur*, in : „ASAN", 7, 1861-62, p. 68-70 ; H. DEMEULDRE, *La Place Saint-Rémy à Namur et ses édifices au moyen âge. Rectifications topographiques*, in : *Études d'Histoire et d'Archéologie Namuroises dédiées à Ferdinand Courtoy*, Namen, 1952, dl. I, p. 463-472 ; M. SERVAIS, *Het stadhuis, het belfort en het perron van Namen*, in : „Driemaandelijks Tijdschrift van het Gemeentekrediet van België", 11, 1957, nr. 42, p. 20-21 ; F. TIHON, *Notes sur les perons*, in : „BIAL", 40, 1910, p. 24-34 ; E. POUMON, *Perrons et piloris*, in : „La Revue Nationale", 33, 1961, p. 164 ; graaf GOBLET D'ALVIELLA, *La migration des symboles*, Parijs, 1891, p. 131 ; IDEM, *Les antécédents figurés du Peron*, in : „Bulletins de la Classe des Lettres de l'Académie royale de Belgique", 3de reeks, 21, 1891, p. 242-244 ; IDEM, *Perrons Wallonie*, p. 366-

369, 380-381 en 397 ; F. MOENS, *Symbolen van Feodale Macht*, in : „TTCB", 54, 1948, nr. 22, p. 257).

(b) Het 'perron' van Saint-Aubain, opgesteld naast het koor van de kathedraal, bestond uit een stenen zuil op enkele treden. In 1604 was de zuil blijkbaar bekroond met een kruis (afb. uit *Album de Croÿ*, afgebeeld in : A. LANOTTE, *Le chœur occidental et les tours de l'ancienne collégiale Saint-Aubain à Namur. Notice archéologique*, in : *Études d'Histoire et d'Archéologie Namuroises dédiées à Ferdinand Courtoy*, Namen, 1952, dl. II, p. 304bis), maar in de 18de eeuw met een soort driekantig kapiteel of/ en een bolvormige bekroning (afb. uit *Délices des Pays-Bas*, afgedrukt in E. DE SEYN, *Dictionnaire historique et géographique des communes belges*, Brussel, 1933-1934, dl. II, p. 878 ; vgl. tekening in : graaf GOBLET D'ALVIELLA, *Perrons Wallonie*, p. 381).

In een charter van 2 juni 1423 werd het 'perron' alleszins als heerlijkheidsteken van het kapittel beschouwd (J. BORGNET, *Pérons et pierres de justices à Namur*, *o.c.*, p. 70).

Het 'perron' werd in de 18de eeuw naar aanleiding van de bouw van de nieuwe kathedraal (en afbraak van de oude) verplaatst om ten slotte definitief te verdwijnen (J. BORGNET, *Pérons et pierres de justices*, *o.c.*, p. 70).

(c) Er bestond nog een „perron de la Croix" in de *Rue de la Croix*, alsook een „pierre bénite du Donjon", waar de leenverheffingen plaatsvonden, en een „plate pierre de Herbatte", waar de soeverein-baljuw van Namen in de 15de eeuw zijn zittingen hield (zie : J. BORGNET, *Pérons et pierres de justices*, *o.c.*, p. 70-73 ; IDEM, *Promenades dans la ville de Namur. III. Histoire civile et religieuse du château*, in : „ASAN", 2, 1851, p. 276-280).

## ■ N.21. OHEY (afb. 79)

Deelgemeente : GOESNES.
Thans : prov. en arr. Namen.
Eertijds : graafschap Namen.

### BEWAARDE SCHANDPAAL VAN GOESNES

*A. Huidige opstelling*

Op een kruispunt in de *Rue du Pilori* staat de schandpaal zeer schilderachtig onder een linde.

*B. Herkomst en historisch overzicht*

(a) Afkomstig van de heerlijkheid GOESNES.
(b) Opgericht door één van de heerlijke bezitters van Goesnes, dat als leengoed van het graafschap Namen met alle rechtsmacht achtereenvolgens behoorde aan de families de Goesnes, de Gesves, de Ramelot, de Warnant en van 1724 tot aan de Franse Tijd aan de familie de Lannoy (H. HASQUIN e.a., *Gemeenten van België*, dl. III, p. 1968). De schandpaal is wellicht door deze laatste familie opgericht, al lijkt hij ouder te zijn.
(c) Oprichtingsdatum : onbekend (18de eeuw? of vroeger?).
(d) Oorspronkelijke opstelling : waarschijnlijk ongeveer op dezelfde plaats.

(e) Opgravings- en heroprichtingskroniek : onbekend.
Het kruis is er hoogstwaarschijnlijk in de 19de eeuw op aangebracht ter vervanging van het wapenvaantje dat de paal vóór de Franse Tijd vermoedelijk sierde.

*C. Beschrijving en afmetingen*

Balkvormige zuilkaak. Kalksteen.
Globale hoogte : ca. 2,50 meter (inbegrepen de vierkante trede en het verhoog).

(a) Bekroning : vermoedelijk oorspronkelijk een smeedijzeren wapenvaantje. Thans een smeedijzeren kruis (aangebracht in de 19de eeuw?).
(b) Schacht : een smalle, balkvormige zuil van ongeveer twee meter hoogte, bovenaan enigszins spits toelopend.
(c) Basis : één vierkante trede, geplaatst op een verhoog van natuurstenen. Hoogte : ca. 50 cm (en ca. één meter tot aan het straatniveau).

*D. Specifieke bibliografie*

A. De Marneffe, *Folklore de Goesnes*, in : „GW", 1, 1924, p. 149 ; P. de Saint-Hilaire, *Liège et Meuse mystérieux*, dl. I, Brussel, 1980, p. 39 ; P. De Win, *Een aspect*, p. 110 nr. 117 ; Idem, *In het kader : de schandstrafinstrumenten*, p. 156 nr. 118 ; Idem, *Schandstraffen in België* (doct. diss.), dl. II-B, nr. 304 (N.15) (afb.) ; Idem, *Primitieve kaak te Goesnes*, in : „Het Volk", d.d. 14-15 september 1991 (afb.) ; P. Erève, *Goesnes*, in : „BTCB", 1939, p. 17-20 ; G. Meersseman, *Vorm en Betekenis*, p. 98 ; F. Moens, *Schandpalen*, p. 278 nr. 32 ; *Le Patrimoine monumental de la Belgique. Wallonie*, dl. V-1, Luik, 1978, p. 292 (afb. Pl. 171) ; J. Van Overstraeten, *Gids voor Wallonië en het groothertogdom*, Antwerpen, 1958, p. 157.

*E. Inventaris* : bezoek ter plaatse in 1983 en 1990.

*F. Foto's* : P.D.W. 1983 en 1990 ; A.C.L. B.3364 (1904) en B.47739 (1943).

## ■ N.22. ONHAYE (afb. 80)

Deelgemeente : Falaën.
Thans : prov. Namen, arr. Dinant.
Eertijds : graafschap Namen.

### Bewaarde schandpaal van Montaigle en Falaën

*A. Huidige opstelling*

Op de binnenkoer van de kasteelhoeve van Falaën.

*B. Herkomst en historisch overzicht*

(a) Afkomstig van de heerlijkheden Montaigle en Falaën te Falaën.
(b) Waarschijnlijk opgericht door de familie de Coppin, m.n. Jozef de Coppin, die via zijn moeder het pandrecht van de heerlijkheid Falaën had verkregen en in 1756 het pandrecht van de heerlijkheid Montaigle (en Haillettes) van de familie de Polchet had verworven. De moeder van Jozef de Coppin had het pandrecht van de heerlijkheid Falaën met alle rechtsmacht gekocht van de vorst op 7 april 1753. De heerlijkheid Montaigle was sedert 12 juli 1628 met alle rechtsmacht door de vorst verpand aan de familie de Polchet. Vanaf 1756 waren beide

heerlijkheden dus in één hand verenigd onder Jozef de Coppin, die er tot aan de Franse Tijd in het bezit van bleef (H. HASQUIN e.a., *Gemeenten van België*, dl. III, p. 1848-1849 ; DELFORGE, p. 41-44).

(c) Oprichtingsdatum : hoogstwaarschijnlijk in de tweede helft van de 18de eeuw (na 1756) (vgl. [WAUTELET-DELAHAIE e.a.], p. 258 : 17de eeuw, vermoedelijk gebaseerd op het feit dat de kasteelhoeve in 1670-73 werd gebouwd door de toenmalige heer van Montaigle, ridder Pierre de Polchet).

(d) Oorspronkelijke opstelling : hoogstwaarschijnlijk nabij de baan Falaën-Weillen, waar de paal tot omstreeks 1970 stond opgesteld (cf. MOENS, p. 29).

(e) Opgravings- en heroprichtingskroniek :
De paal stond tot omstreeks 1970 opgesteld in een weide nabij de baan Falaën-Weillen, niet ver van de kasteelhoeve (zie : MOENS, p. 29). Omstreeks 1970 (alleszins vóór 1973 : DELFORGE, p. 35) werd de paal dan overgebracht naar zijn huidige opstellingsplaats, vermoedelijk om hem beter tegen vandalisme te beschermen ; in 1963 werd hij immers beschadigd.

*C. Beschrijving en afmetingen*

Zuilkaak enigszins in de vorm van een smalle afgeknotte piramide. Arduin.
Globale hoogte : ca. drie meter (zonder bekroning).

(a) Bekroning : de oorspronkelijke bekroning (een ijzeren wapenvaantje?) is verdwenen. Thans is een smeedijzeren versiering aangebracht, ter vervanging van een iets oudere versiering die in 1963 werd vernield.

(b) Schacht : een sterk versmallende balkvormige zuil met afgesneden zijkanten, zodat enerzijds een bijna achthoekig effect wordt bekomen en anderzijds een afgeknotte piramide. De zuil loopt uit in een ruim, vierkant kapiteel.

(c) Basis : één achthoekige trede, thans geplaatst in een groter vierkant van natuurstenen.

*D. Specifieke bibliografie*

Th.-J. DELFORGE, *Falaën et son histoire*, Denée, 1973, p. 35 ; P. DE WIN, *Een aspect*, p. 110 nr. 118 ; IDEM, *In het kader : de schandstrafinstrumenten*, p. 156 nr. 119 ; IDEM, *Schandstraffen in België* (doct. diss.), dl. II-B, nr. 305 (N.16) (afb.) ; IDEM, *De kaak van Falaën*, in : „Het Volk", d.d. 3 september 1991 (afb.) ; C. LANCINEY en R. VAN ONSEM, *Province de Namur*, Parijs-Gembloers, 1977, p. 86 ; F. MOENS, *Schandpalen*, p. 28-29 nr. 27 (afb.) ; [D. WAUTELET-DELAHAIE e.a.], *Wallonië. Toeristische gids 1982-1983*, Luik, 1982, p. 258.

*E. Inventaris* : bezoek ter plaatse in 1983.

*F. Foto's* : P.D.W. 1983.

## ■ N.23. PROFONDEVILLE (afb. 81)

Deelgemeente : LUSTIN.
Thans : prov. en arr. Namen.
Eertijds : graafschap Namen.

## Twee bewaarde schandpalen te Lustin

*A. Huidige opstelling*

In de boomgaard van huis nr. 3, *Rue Frappe-Cul* (aan de weg Lustin-Godinne).

*B. Herkomst en historisch overzicht*

(a) Afkomstig van de heerlijkheden Lustin en Frappe-Cul te Lustin.

(b) Lustin met de afhankelijke dorpen Frappe-Cul, Tailfer en Frênes werd in 1622 door het kapittel van Hoei verkocht aan Arnulf de Marotte, die er in 1626 ook de hoge rechtsmacht van verwierf.
Profondeville, Lustin, Frappe-Cul, Maillen en Tailfer bleven tot op het einde van het Ancien Régime verenigd, eerst in handen van de familie de Marotte, daarna in deze van de familie de Harscamp (1639-1787) en ten slotte in deze van de familie de Beaufort-Spontin (H. Hasquin e.a., *Gemeenten van België*, dl. IV, p. 2309-2311).
Gezien de doorgaans sexueel-getinte namen die deze opstaande stenen dragen, wordt wel eens verondersteld dat zij een Keltische origine hebben en dat zij eertijds een belangrijke rol speelden bij bepaalde vruchtbaarheidsriten. Onder invloed van de kerkelijke autoriteiten zouden deze stenen (of menhirs) later omgevormd zijn tot schandpalen om diegenen eraan te pronk te stellen, die zich aan deze ketterse praktijken bleven schuldig maken (de Saint-Hilaire, dl. I, p. 157-158).

(c) Oprichtingsdatum : 17de-18de eeuw (alleszins na 1626).

(d) Oorspronkelijke opstelling : onbekend.

(e) Opgravings- en heroprichtingskroniek : onbekend.

*C. Beschrijving en afmetingen*

Allebei rotskaken, bestaande uit een massief, ruwgekapt blok natuursteen.

I. De eerste staat nog rechtop en heeft meer de vorm van een ongekapte rotsmassa. Vooraan op twee derde van de grond is een ijzeren bevestigingsring (voor pols- of halskettingen?) zichtbaar en achteraan een ijzeren haak.
Hoogte : ca. 1,80 meter ; breedte : ca. 50 cm.

II. De tweede ligt op zijn zijkant en is enigszins balkvormig. Aan de ene zijde is duidelijk een lange ijzeren pin te zien, die hetzij in de bodem verdwijnt als de paal rechtop zou staan, hetzij voor de bevestiging van een bekroning was bedoeld. Er is ook een ijzeren ring zichtbaar op één der rechtopstaande zijden (eertijds voorzijde).
Hoogte : ca. één meter ; breedte : ca. 40 cm.

*D. Specifieke bibliografie*

P. de Saint-Hilaire, *Liège et Meuse Mystérieux*, dl. I, Brussel, 1980, p. 157-158 (afb.) ; P. De Win, *Een aspect*, p. 110 nrs. 119-120 ; Idem, *In het kader : de schandstrafinstrumenten*, p. 156 nrs. 120-121 ; Idem, *Schandstraffen in België* (doct. diss.), dl. II-B, nr. 306 (N.17) (afb.) ; Idem, *Schandstraffen in het wereldlijk strafrecht*, p. 132 ; Idem, *Twee kaken te Lustin*, in : „Het Volk", d.d. 16 juli 1991 (afb.) ; *Le Patrimoine monumental de la Belgique. Wallonie*, dl. V-1, Luik, 1978, p. 383 (met afb. paal I Pl. 237).

*E. Inventaris* : bezoek ter plaatse in 1982.

*F. Foto's* : P.D.W. 1982.

### ⊗ N.24. PROFONDEVILLE

Deelgemeente : PROFONDEVILLE.
Thans : prov. en arr. Namen.
Eertijds : graafschap Namen.

**VERDWENEN SCHANDPAAL VAN PROFONDEVILLE**

Op een dorpsgezicht van Profondeville omstreeks 1600 staat centraal een eenvoudige houten paal met halsijzer afgebeeld (J.-M. DUVOSQUEL (ed.), *Albums de Croÿ. XV. Comté de Namur*, dl. II, Brussel, 1987, p. 55 en Pl. 85). Het gaat hier duidelijk om een schandpaal (J.-M. DUVOSQUEL (ed.), *o.c.*, *l.c.* : „poteau de justice").

De heerlijkheid Profondeville behoorde toe aan het kapittel van Hoei, tot het haar in 1612 verkocht aan Arnulf de Marotte ; in 1622 verwierf hij ook Lustin met afhankelijke dorpen en in 1626 verkreeg hij de hoge justitierechten over deze heerlijkheden, die tot aan de Franse Tijd verenigd bleven, eerst in handen van de familie de Marotte (1622-39), vervolgens in deze van de familie de Harscamp (1639-1787) en ten slotte in deze van de familie de Beaufort-Spontin (V. DELMOTTE, *Profondeville et son histoire*, Acoz, 1972, p. 53-60 ; H. HASQUIN e.a., *Gemeenten van België*, dl. IV, p. 2633).

### ● N.25. ROCHEFORT

Deelgemeente : LAVAUX-SAINTE-ANNE.
Thans : prov. Namen, arr. Dinant.
Eertijds : prinsbisdom Luik.

**BEWAARDE SCHANDPAAL VAN LAVAUX-SAINTE-ANNE**

Thans bewaard te **MORLANWELZ**, Morlanwelz-Mariemont (prov. Henegouwen, H.83) (zie aldaar).

**ROSÉE** : zie FLORENNES, Rosée (N.11)

**SAINT-GÉRARD** : zie METTET, Saint-Gérard (N.17)

### ⊗ N.26. SOMBREFFE

Deelgemeente : SOMBREFFE.
Thans : prov. en arr. Namen.
Eertijds : graafschap Namen.

**VERDWENEN SCHANDPAAL VAN DE HEERLIJKHEID MONT TE SOMBREFFE**

Op een dorpsgezicht van „Mont desdans Sombreffe" of Mont-sur-Sombreffe omstreeks 1600 staat op het dorpsplein een paal op enkele cirkelvormige treden afgebeeld (afb. : J.-M. DUVOSQUEL (ed.), *Albums de Croÿ. XV. Comté de Namur*, dl. II, Brussel, 1987, p. 160 en Pl. 138 ; M. LEONET, *Sombreffe : mémoire du passé*, Sombreffe, 1987, p. 118bis). M.i. gaat het hier om de schandpaal van de heerlijkheid Mont (cf. M. LEONET, *o.c.*, p. 119 ; vgl. J.-M. DUVOSQUEL (ed.), *o.c.*, *l.c.*, die aarzelt tussen een grensteken, een „pilori" of de sokkel van een kruis).

Sombreffe was een leengoed van het hertogdom Brabant, maar zijn aanhorigheden Mont en Vieille-Maison ressorteerden onder het graafschap Namen. Wel waren deze heerlijkheden met alle rechtsmacht in handen van dezelfde families : eerst d'Orbais et de Sombreffe, vanaf de 15de eeuw de Virnenbourg, vanaf de 16de eeuw gevolgd door de Lalaing, de Ligne, d'Oignies et de Lannoy. Sombreffe werd in de 17de eeuw tot baronie verheven (M. LEONET, *o.c.*, p. 33 sqq. ; H. HASQUIN e.a., *Gemeenten van België*, dl. IV, p. 2807-2808).

**SOULME** : zie DOISCHE, Soulme (N.7)

**THY-LE-CHÂTEAU** : zie WALCOURT, Thy-le-Château (N.27)

**VILLERS-LEZ-HEEST** : zie LA BRUYÈRE, Villers-lez-Heest (N.14)

## N.27. WALCOURT (afb. 82)

Deelgemeente : THY-LE-CHÂTEAU.
Thans : prov. Namen, arr. Philippeville.
Eertijds : graafschap Namen.

### SCHANDPAALRECONSTRUCTIE

*A. Huidige opstelling*

Op de binnenkoer van het omstreeks 1920 gerestaureerde kasteel zou een soort schandpaalreconstructie geplaatst zijn (zie MOENS, p. 29 nr. 28 ; AUDENAERT, p. 27).

*B. Herkomst en historisch overzicht* : onbekend

*C. Beschrijving en afmetingen*

Op een balkvormige sokkel met sierbanden verrijst een cilindrische schacht, bestaande uit drie vrijwel gelijke segmenten en bekroond met een soort dikbuikige kegel. Het geheel staat op een vierkante trede.

*D. Specifieke bibliografie*

L. en R. AUDENAERT, *Schandpalen*, in : „St.-Laurensklok", 50, 1977-78, nr. 3, p. 27 ; DE WIN, *Schandstraffen in België* (doct. diss.), dl. II-B, nr. 308 (N.19) (afb.) ; F. MOENS, *Schandpalen*, p. 29 nr. 28.

*E. Inventaris* : geen bezoek ter plaatse.

*F. Foto's* : F. MOENS, ca. 1950.

**WARISOULX** : zie LA BRUYÈRE, Warisoulx (N.16)

# LIJST VAN DE ILLUSTRATIES

21. De schandpaal van Silly/Opzullik (I) te La Louvière (H.54) (foto : P. De Win, 1982).
22. De schandpaal van Lombise (H.55) (foto : P. De Win, 1986).
23. Kaakrest van Bois-de-Lessines/Lessenbos (H.57) (foto : P. De Win, 1982).
24. De kaak van Lessines/Lessen (H.60) (foto : P. De Win, 1982).
25. De verdwenen schandpaal van Blicquy (H.61), zoals afgebeeld op een plan uit 1781 (Bergen, A.É., C. & P., nr. 28) (foto : Brussel, A.R.A.).
26. De schandpaal van Grandmetz (H.62), zoals afgebeeld op een plannetje in een procesdossier uit 1616-17 (Gent, R.A., Raad van Vlaanderen, nr. 9609) (foto : Gent, R.A.).
27. De beschermde schandpaal van Grandmetz (H.62) (foto : P. De Win, 1982).
28. De schandpaal te Pipaix (H.63) (foto : P. De Win, 1983).
29. De schandpaal van Haine-Saint-Pierre, thans bewaard te Fayt-lez-Manage (H.67) (foto : P. De Win, 1989).
30. De thans spoorloze schandpaal van Tyberchamps te Manage (H.68), zoals eertijds opgesteld in het kasteelpark van Tyberchamps (foto : A.C.L., ca. 1900).
31. De beroemde *Singe du Grand Garde* te Mons/Bergen (H.72.II) (foto : P. De Win, 1982).
32. Mogelijke kaakrest, bewaard in de *Musées Chanoine Puissant* te Mons/Bergen (H.73.I) (foto : P. De Win, 1985).
33. Mogelijke kaakrest, bewaard in de *Musées Chanoine Puissant* te Mons/Bergen (H.73.II) (foto : P. De Win, 1985).
34. Mogelijke kaakrest, bewaard in de *Musées Chanoine Puissant* te Mons/Bergen (H.73.III) (foto : P. De Win, 1985).
35. Mogelijke kaakrest, bewaard in de *Musées Chanoine Puissant* te Mons/Bergen (H.73.IV) (foto : P. De Win, 1985).
36. De fonteinkaak van het kapittel van Sainte-Waudru te Mons/Bergen (H.74.I) (foto : P. De Win, 1985).
37. De verdwenen schandpaal van Havré te Mons/Bergen (H.75), zoals afgebeeld op een 19de-eeuwse kopie van een ouder kaartje (Bergen, A.É., C. & P., nr. 1065 ; detail) (foto : Brussel, A.R.A.).
38. De schandpaal van Beugnies, thans bewaard te Nouvelles (H.78) (foto : P. De Win, 1982).
39. De schandpaal van Carnières, thans bewaard in het *Musée royal de Mariemont* te Morlanwelz-Mariemont (H.82) (foto : Musée Royal de Mariemont).
40. De schandpaal van Lavaux-Sainte-Anne, thans bewaard in het *Musée royal de Mariemont* te Morlanwelz-Mariemont (H.83) (foto : Musée royal de Mariemont).
41. De schandpaal van de heerlijkheid Den Daal te Bellingen, thans bewaard in het *Musée royal de Mariemont* te Morlanwelz-Mariemont (H.84) (foto : Musée royal de Mariemont).
42. De schandpaal van Leval, thans bewaard in het *Musée royal de Mariemont* te Morlanwelz-Mariemont (H.85) (foto : Musée royal de Mariemont).
43. Mogelijk schandpaalbekroning, thans bewaard in het *Musée royal de Mariemont* te Morlanwelz-Mariemont (H.86) (foto : Musée royal de Mariemont).
44. Mogelijk schandpaalbekroning, thans bewaard in het *Musée royal de Mariemont* te Morlanwelz-Mariemont (H.86) (foto : Musée royal de Mariemont).

45. De verdwenen schandpaal van Mouscron/Moeskroen (H.88), zoals afgebeeld op een kaartje omstreeks 1740 (Kortrijk, R.A., Fonds d'Ennetières, nr. 1169) (foto : Kortrijk, R.A.).
46. De verdwenen schandpaal van Pecq (H.89), zoals afgebeeld op een plan uit 1766 door F. E. Van Dael (Bergen, A.É., C. & P., nr. 1533 ; detail) (foto : Brussel, A.R.A.).
47. Het restant van de schandpaal van Péruwelz (H.91) (foto : P. De Win, 1982).
48. De kaakrest van Havay (H.95) (foto : P. De Win, 1982).
49. De schandpaal van Saint-Ghislain (H.101.I) (foto : P. De Win, 1982).
50. De berin van Saint-Ghislain (H.101.II) (foto : P. De Win, 1982).
51. De schandpaal van Feluy (H.104) vóór 1980 (foto : A.C.L.).
52. De schandpaal van Feluy (H.104) : de opgegraven trede (foto : P. De Win, 1985).
53. De wapensteen van Petit-Rœulx-lez-Nivelles (H.105) in de huisgevel op het dorpsplein (foto : P. De Win, 1983).
54. De schandpaal te Gondregnies (H.106) (foto : P. De Win, 1993).
55. De schandpaal van Graty (H.107) (foto : P. De Win, 1982).
56. De schandpaal van Graty (H.107) : de halsijzerhouder (foto : P. De Win, 1982).
57. Restant van de basis van de schandpaal van de heerlijkheid Balinghe te Hoves/Hove (H.108) (foto : P. De Win, 1993).
58. Restant van de basis van de schandpaal van Hoves/Hove (H.109) (foto : P. De Win, 1993).
59. Tekening van de verdwenen schandpaal van Silly/Opzullik (II) (H.112), gemaakt in 1937 door de heer E. Scaillon (afb. uit : M. C. Bruwier, *Aspects d'un village hennuyer : Silly, à la fin du XVI^e, du XVIII^e et au début du XX^e siècle*, in : „Annales du Cercle royal d'Histoire et d'Archéologie d'Ath et de la région et musées athois", 4, 1976-77, p. 168).
60. De schandpaal van Thoricourt (H.113) (foto : P. De Win, 1986).
61. De schandpaal van Casteau (H.114) (foto : P. De Win, 1982).
62. De schandpaal van Horrues (H.115) (foto : P. De Win, 1983).
63. De schandpaal van de heerlijkheid Félignies te Neufvilles (H.116) (foto : P. De Win, 1982).
64. De schandpaal te Orcq (H.119) (foto : P. De Win, 1982).
65. De verdwenen schandpalen van de heerlijkheden Braffe-Lassus en Gouvernies te Quartes (H.120), zoals afgebeeld op een plan uit 1657 (Bergen, A.É., C. & P., nr. 1391) (foto : Brussel, A.R.A.).
66. De verdwenen schandpaal van de heerlijkheid Braffe-Lassus te Quartes (H.120), zoals afgebeeld op een plan uit 1733 (Bergen, A.É., C. & P., nr. 1083-2 ; detail) (foto : Brussel, A.R.A.).
67. De schandpaal van Antoing te Tournai/Doornik (H.121) (foto : P. De Win, 1982).
68. De mogelijke kaakrest te Clavier (Lui.1) (foto : P. De Win, 1986).
69. De *Pierre de Justice* van Jupille-sur-Meuse (Lui.8) (foto : A.C.L.).
70. De schandpaal van Goé/Gulke (Lui.10) (foto : P. De Win, 1991).
71. De schandpaal van Petit-Rechain (Lui.13) (foto : P. De Win, 1983).
72. De schandpaal van Petit-Rechain (Lui.13) : het wapenschild (foto : A.C.L.).
73. De kaakrest van Verviers (Lui.14) (foto : A.C.L.).

74. De verdwenen kaak van Virton (Lux.8) (tekeningen uit : E. MOUTARDE, *Le pilori de Virton*, in : „AIAL", 47, 1912, p. 451).
75. De schandpaal van Villers-lez-Heest (N.14) (foto : P. DE WIN, 1982).
76. De schandpaal van Villers-lez-Heest (N.14) : de bekroning (foto : P. DE WIN, 1982).
77. De schandpaal van Aiseau, bewaard te Villers-lez-Heest (N.15) (foto : P. DE WIN, 1982).
78. De schandpaalreconstructie te Dave (N.19) (foto : P. DE WIN, 1982).
79. De schandpaal van Goesnes (N.21) (foto : P. DE WIN, 1983).
80. De schandpaal van Montaigle en Falaën (N.22) (foto : P. DE WIN, 1983).
81. Eén van de twee bewaarde schandpalen te Lustin (N.23) (foto : P. DE WIN, 1982).
82. De schandpaalreconstructie te Thy-le-Château (N.27) (foto : F. MOENS, ca. 1950).

Afb. 11. — De schandpaal van Noirchain te Écaussinnes-d'Enghien (H.31) (foto : P. De Win, 1984).

Afb. 12. — De schandpaal van Noirchain te Écaussinnes-d'Enghien (H.31) : de halsijzerhouder (foto : P. De Win, 1984).

Afb. 13. — De schandpaal van Ellezelles/ Elzele (H.33) (foto : P. De Win, 1985).

AFB. 14. — De schandpaal van Enghien/ Edingen (H.34) (foto : P. DE WIN, 1986).

AFB. 15. — De kaakrest van Petit-Enghien/ Lettelingen (H.36) (foto : P. DE WIN, 1993).

AFB. 16. — De schandpaal van Rouveroy (H.39) in 1945 (foto : A.C.L.).

AFB. 17. — De wapensteen te Vellereille-le-Sec (H.40) (afb. uit : A. GOSSERIES, *Note sur une pierre armoriée existant à Vellereille-le-Sec*, in : „ACAM", 24, 1892-95, p. 266).

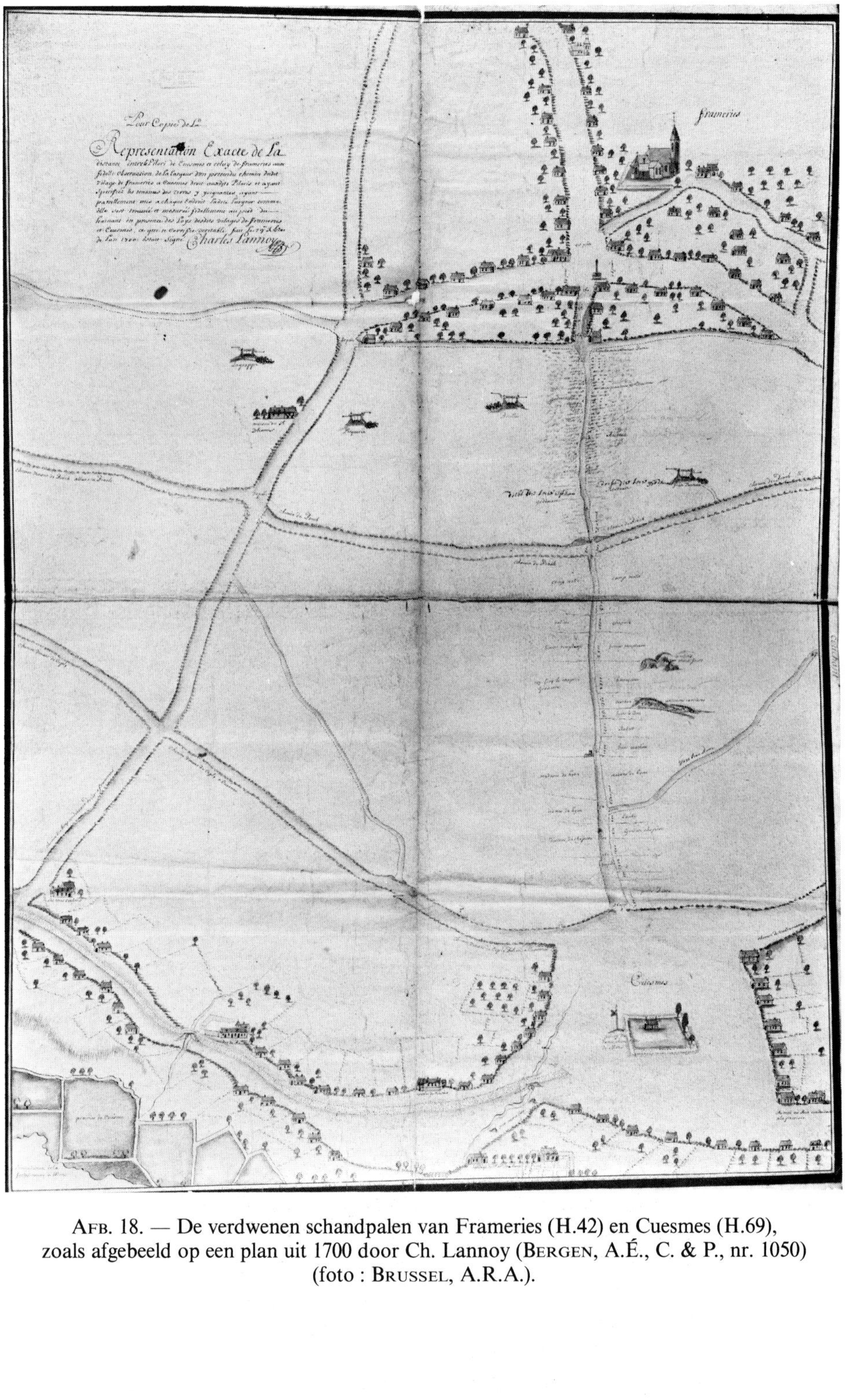


AFB. 18. — De verdwenen schandpalen van Frameries (H.42) en Cuesmes (H.69), zoals afgebeeld op een plan uit 1700 door Ch. Lannoy (BERGEN, A.É., C. & P., nr. 1050) (foto : BRUSSEL, A.R.A.).

Afb. 19. — De schandpaal van de heerlijkheid Fliémet of van de Tempel te Frameries (H.43) (foto : P. De Win, 1982).

Afb. 20. — De schandpaal van de heerlijkheid Fliémet of van de Tempel te Frameries (H.43) : de omgekeerde halsijzerhouder (foto : P. De Win, 1982).

Afb. 21. — De schandpaal van Silly/Opzullik (I) te La Louvière (H.54) (foto : P. De Win, 1982).

Afb. 22. — De schandpaal van Lombise (H.55) (foto : P. De Win, 1986).

AFB. 23. — Kaakrest van Bois-de-Lessines/ Lessenbos (H.57) (foto : P. DE WIN, 1982).

AFB. 24. — De kaak van Lessines/Lessen (H.60) (foto : P. DE WIN, 1982).

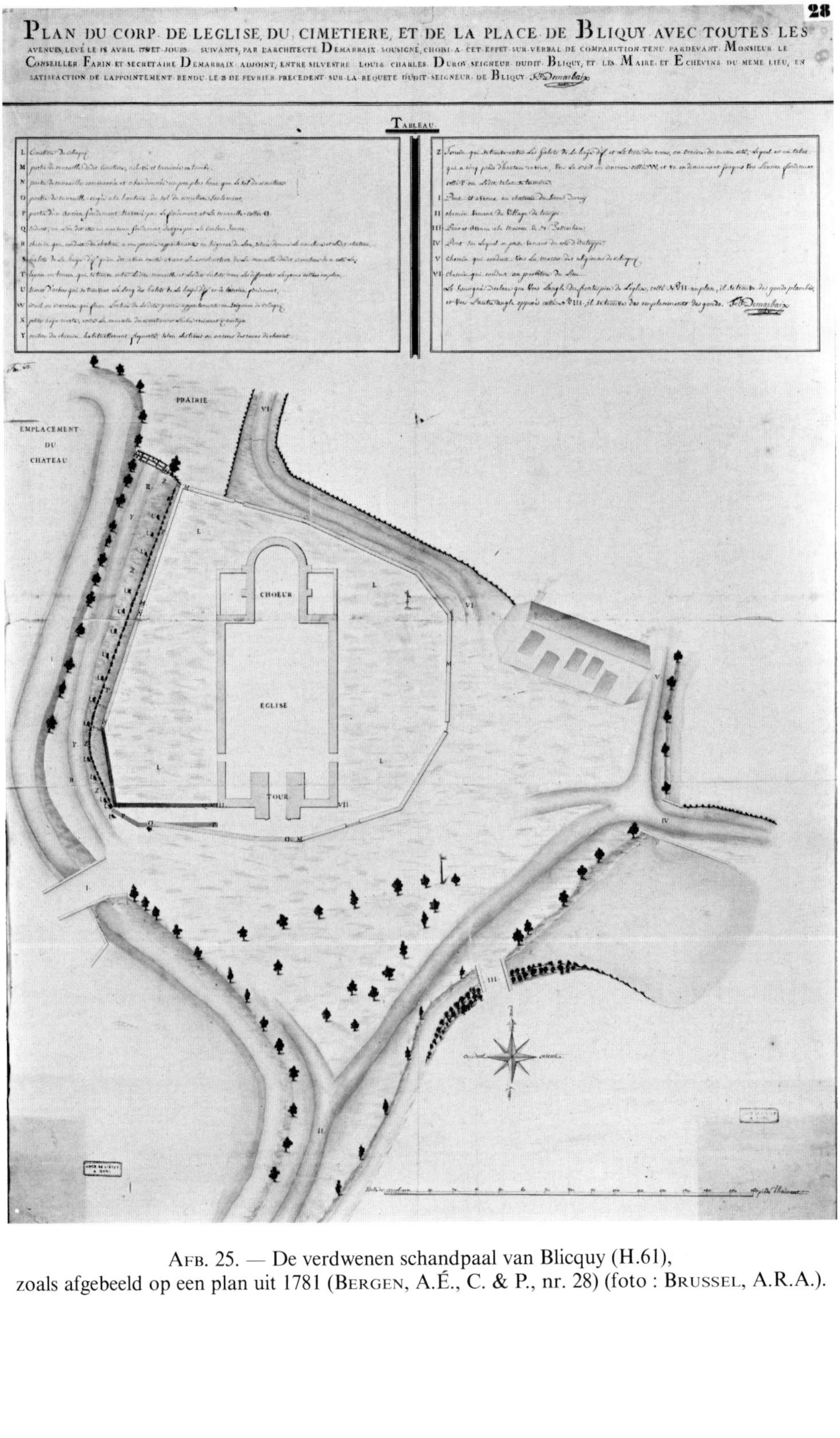


Afb. 25. — De verdwenen schandpaal van Blicquy (H.61), zoals afgebeeld op een plan uit 1781 (Bergen, A.É., C. & P., nr. 28) (foto : Brussel, A.R.A.).

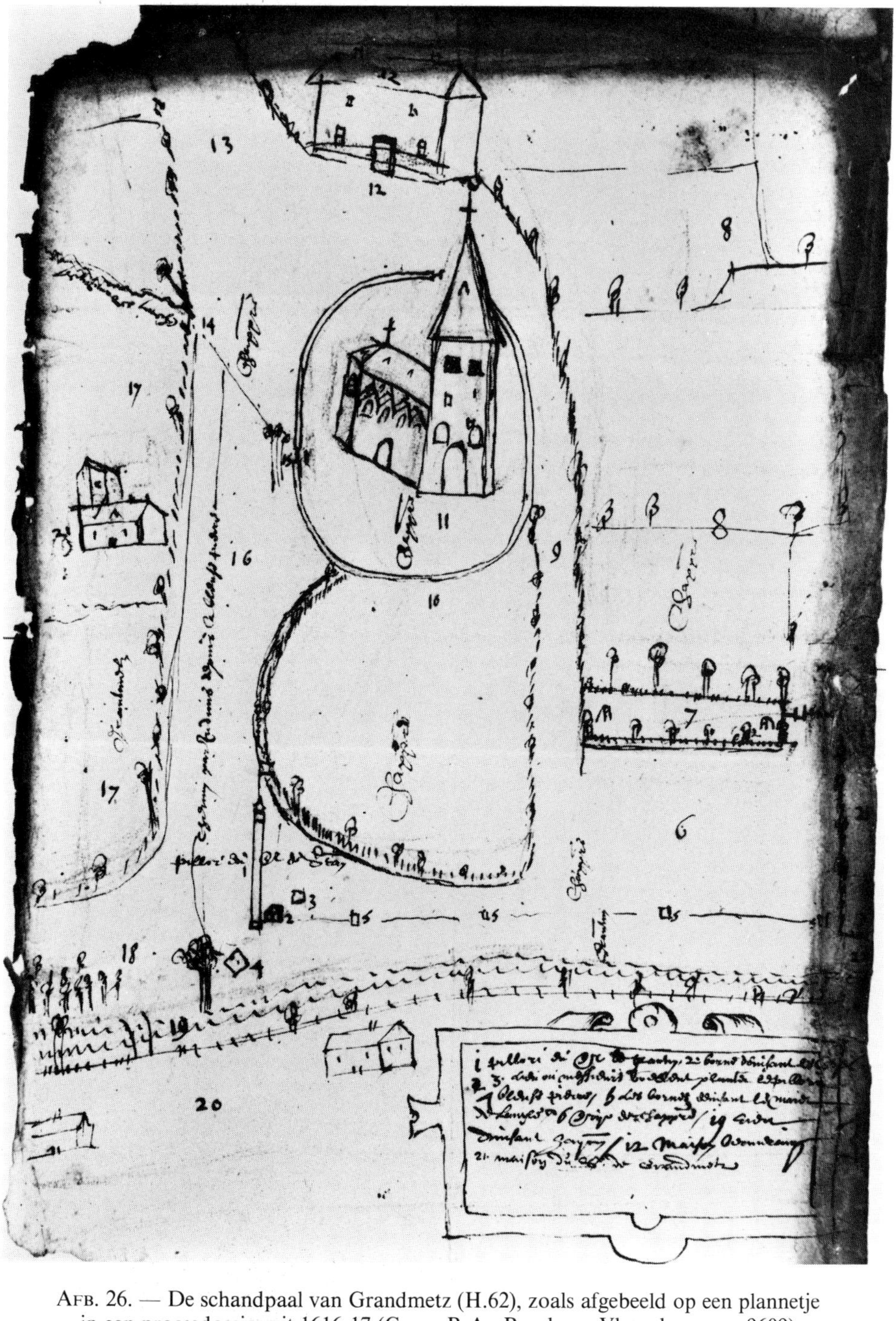

AFB. 26. — De schandpaal van Grandmetz (H.62), zoals afgebeeld op een plannetje in een procesdossier uit 1616-17 (GENT, R.A., Raad van Vlaanderen, nr. 9609) (foto : GENT, R.A.).

Afb. 27. — De beschermde schandpaal van Grandmetz (H.62) (foto : P. De Win, 1982).

Afb. 28. — De schandpaal te Pipaix (H.63) (foto : P. De Win, 1983).

AFB. 29. — De schandpaal van Haine-Saint-Pierre, thans bewaard te Fayt-lez-Manage (H.67) (foto : P. DE WIN, 1989).

AFB. 30. — De thans spoorloze schandpaal van Tyberchamps te Manage (H.68), zoals eertijds opgesteld in het kasteelpark van Tyberchamps (foto : A.C.L., ca. 1900).

AFB. 31. — De beroemde *Singe du Grand Garde* te Mons/Bergen (H.72.II) (foto : P. DE WIN, 1982).

AFB. 32. — Mogelijke kaakrest, bewaard in de *Musées Chanoine Puissant* te Mons/Bergen (H.73.I) (foto : P. DE WIN, 1985).

AFB. 33. — Mogelijke kaakrest, bewaard in de *Musées Chanoine Puissant* te Mons/Bergen (H.73.II) (foto : P. DE WIN, 1985).

Afb. 34. — Mogelijke kaakrest, bewaard in de *Musées Chanoine Puissant* te Mons/Bergen (H.73.III) (foto : P. De Win, 1985).

Afb. 35. — Mogelijke kaakrest, bewaard in de *Musées Chanoine Puissant* te Mons/Bergen (H.73.IV) (foto : P. De Win, 1985).

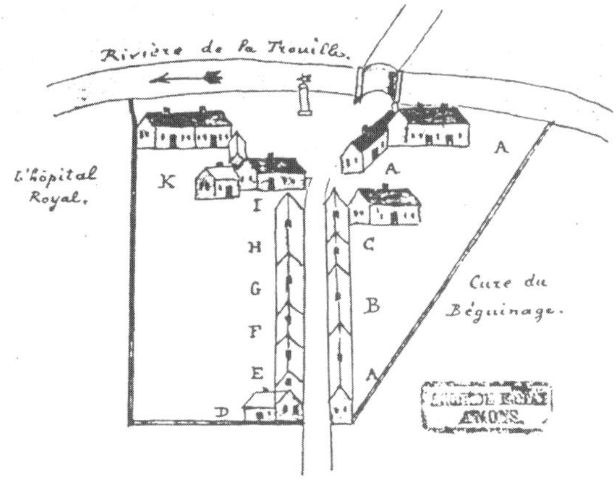


AFB. 37. — De verdwenen schandpaal van Havré te Mons/Bergen (H.75), zoals afgebeeld op een 19de-eeuwse kopie van een ouder kaartje (BERGEN, A.É., C. & P., nr. 1065 ; detail) (foto : BRUSSEL, A.R.A.).

AFB. 36. — De fonteinkaak van het kapittel van Sainte-Waudru te Mons/Bergen (H.74.I) (foto : P. DE WIN, 1985).

AFB. 38. — De schandpaal van Beugnies, thans bewaard te Nouvelles (H.78) (foto : P. DE WIN, 1982).

AFB. 39. — De schandpaal van Carnières, thans bewaard in het *Musée royal de Mariemont* te Morlanwelz-Mariemont (H.82) (foto : Musée royal de Mariemont).

AFB. 40. — De schandpaal van Lavaux-Sainte-Anne, thans bewaard in het *Musée royal de Mariemont* te Morlanwelz-Mariemont (H.83) (foto : Musée royal de Mariemont).

AFB. 41. — De schandpaal van de heerlijkheid Den Daal te Bellingen, thans bewaard in het *Musée royal de Mariemont* te Morlanwelz-Mariemont (H.84)
(foto : Musée royal de Mariemont).

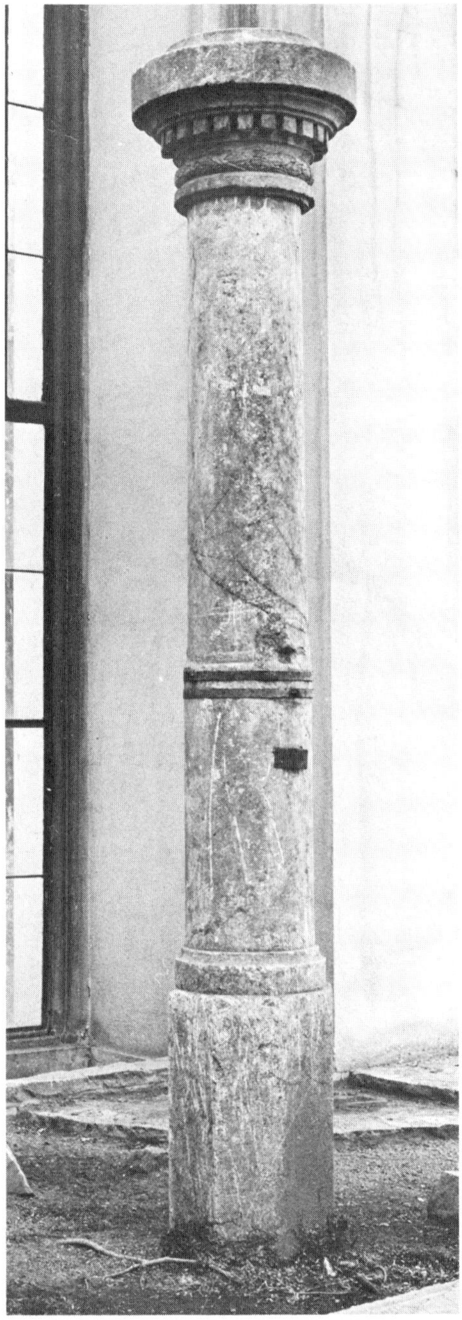

AFB. 42. — De schandpaal van Leval, thans bewaard in het *Musée royal de Mariemont* te Morlanwelz-Mariemont (H.85)
(foto : Musée royal de Mariemont).

Afb. 43. — Mogelijk schandpaalbekroning, thans bewaard in het *Musée royal de Mariemont* te Morlanwelz-Mariemont (H.86) (foto : Musée royal de Mariemont).

Afb. 44. — Mogelijk schandpaalbekroning, thans bewaard in het *Musée royal de Mariemont* te Morlanwelz-Mariemont (H.86) (foto : Musée royal de Mariemont).

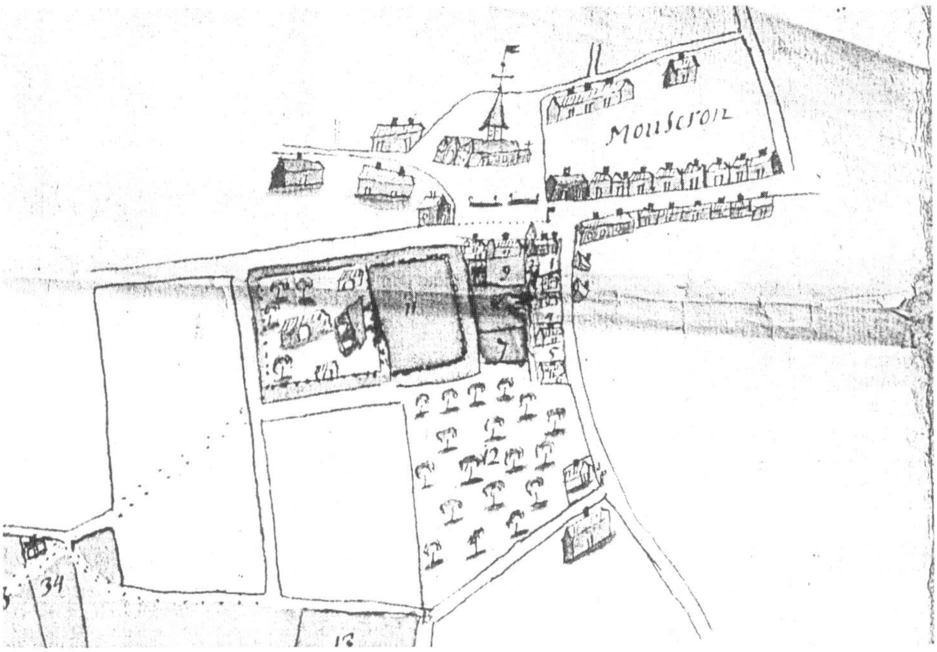

AFB. 45. — De verdwenen schandpaal van Mouscron/Moeskroen (H.88), zoals afgebeeld op een kaartje omstreeks 1740 (KORTRIJK, R.A., Fonds d'Ennetières, nr. 1169) (foto : KORTRIJK, R.A.).

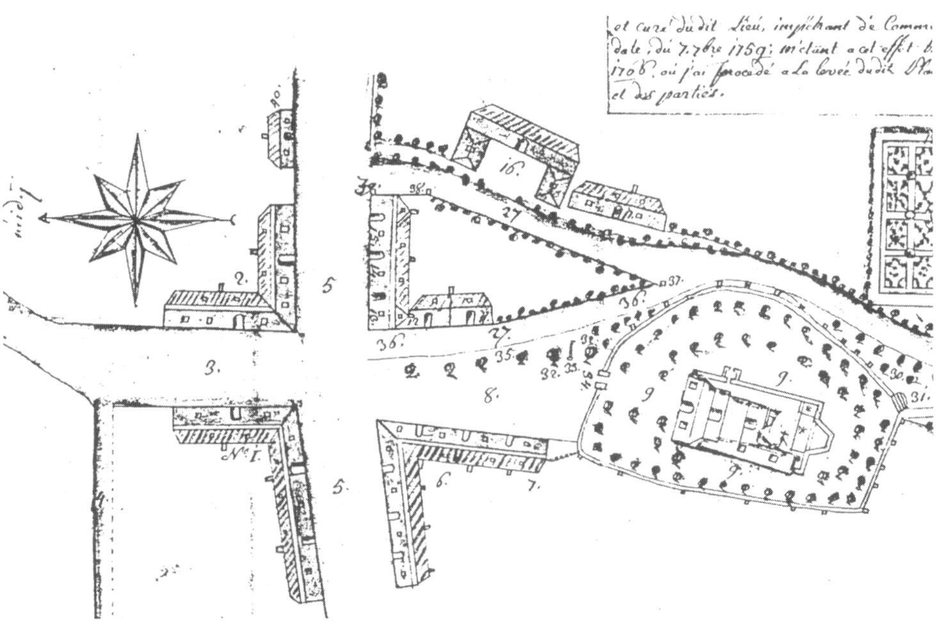

AFB. 46. — De verdwenen schandpaal van Pecq (H.89), zoals afgebeeld op een plan uit 1766 door F.E. Van Dael (BERGEN, A.É., C. & P., nr. 1533 ; detail) (foto : BRUSSEL, A.R.A.).

AFB. 47. — Het restant van de schandpaal van Péruwelz (H.91) (foto : P. DE WIN, 1982).

AFB. 48. — De kaakrest van Havay (H.95) (foto : P. DE WIN, 1982).

Afb. 49. — De schandpaal van Saint-Ghislain (H.101.I) (foto : P. De Win, 1982).

Afb. 50. — De berin van Saint-Ghislain (H.101.II) (foto : P. De Win, 1982).

AFB. 51. — De schandpaal van Feluy (H.104) vóór 1980 (foto : A.C.L.).

AFB. 52. — De schandpaal van Feluy (H.104) : de opgegraven trede (foto : P. DE WIN, 1985).

Afb. 53. — De wapensteen van Petit-Rœulx-lez-Nivelles (H.105) in de huisgevel op het dorpsplein (foto : P. De Win, 1983).

Afb. 54. — De schandpaal te Gondregnies (H.106) (foto : P. De Win, 1993).

AFB. 55. — De schandpaal van Graty (H.107)
(foto : P. DE WIN, 1982).

AFB. 56. — De schandpaal van Graty (H.107) :
de halsijzerhouder
(foto : P. DE WIN, 1982).

Afb. 57. — Restant van de basis van de schandpaal van de heerlijkheid Balinghe te Hoves/Hove (H.108) (foto : P. De Win, 1993).

Afb. 58. — Restant van de basis van de schandpaal van Hoves/Hove (H.109) (foto : P. De Win, 1993).

AFB. 59. — Tekening van de verdwenen schandpaal van Silly/Opzullik (II) (H.112), gemaakt in 1937 door de heer E. Scaillon (afb. uit : M. C. BRUWIER, *Aspects d'un village hennuyer : Silly, à la fin du* XVI$^{e}$*, du* XVIII$^{e}$ *et au début du* XX$^{e}$ *siècle*, in : „Annales du Cercle royal d'Histoire et d'Archéologie d'Ath et de la région et musées athois", 4, 1976-77, p. 168).

AFB. 60. — De schandpaal van Thoricourt (H.113) (foto : P. DE WIN, 1986).

Afb. 61. — De schandpaal van Casteau (H.114) (foto : P. De Win, 1982).

Afb. 62. — De schandpaal van Horrues (H.115) (foto : P. De Win, 1983).

AFB. 63. — De schandpaal van de heerlijkheid Félignies te Neufvilles (H.116) (foto : P. DE WIN, 1982).

AFB. 64. — De schandpaal te Orcq (H.119) (foto : P. DE WIN, 1982).

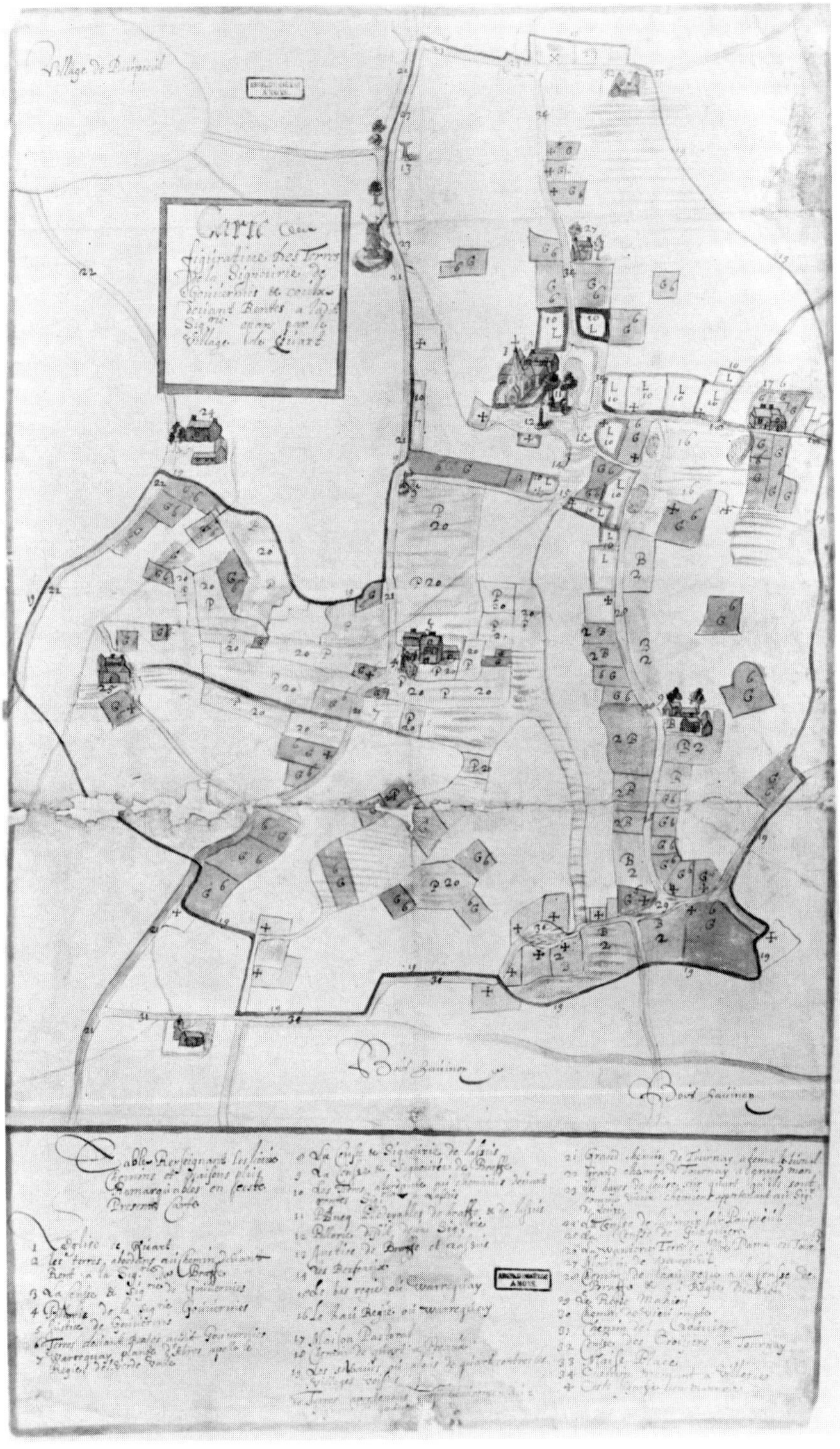

Afb. 65. — De verdwenen schandpalen van de heerlijkheden Braffe-Lassus en Gouvernies te Quartes (H.120), zoals afgebeeld op een plan uit 1657 (Bergen, A.É., C. & P., nr. 1391) (foto : Brussel, A.R.A.).

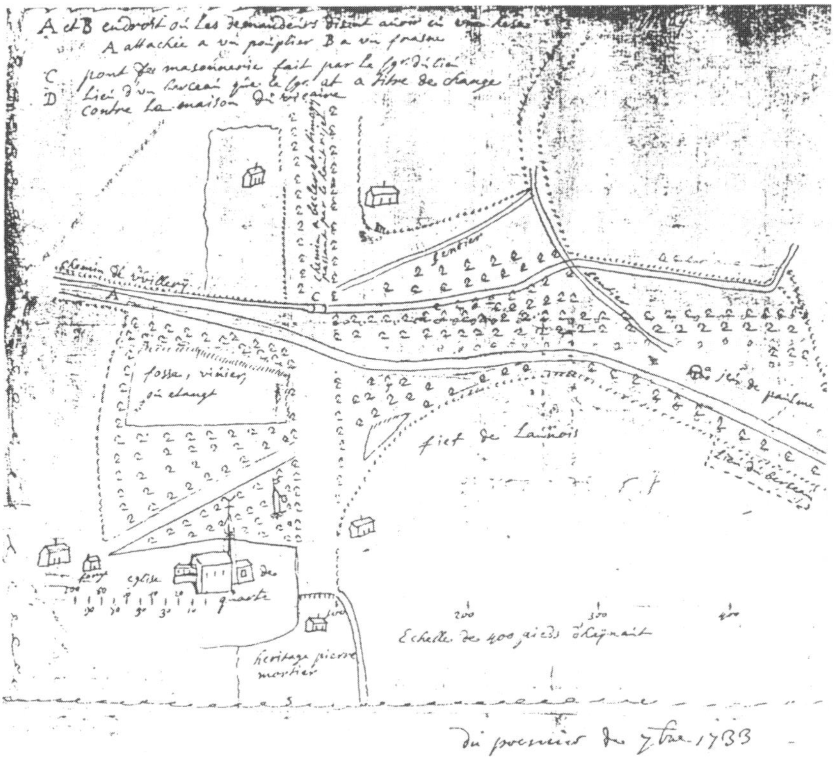

AFB. 66. — De verdwenen schandpaal van de heerlijkheid Braffe-Lassus te Quartes (H.120), zoals afgebeeld op een plan uit 1733 (BERGEN, A.É., C. & P., nr. 1083-2 ; detail) (foto : BRUSSEL, A.R.A.).

AFB. 67. — De schandpaal van Antoing te Tournai/Doornik (H.121) (foto : P. DE WIN, 1982).

Afb. 68. — De mogelijke kaakrest te Clavier (Lui.1) (foto : P. De Win, 1986).

Afb. 69. — De *Pierre de Justice* van Jupille-sur-Meuse (Lui.8) (foto : A.C.L.).

AFB. 70. — De schandpaal van Goé/
Gulke (Lui.10)
(foto : P. DE WIN, 1991).

AFB. 71. — De schandpaal van Petit-Rechain (Lui.13) (foto : P. DE WIN, 1983).

AFB. 72. — De schandpaal van Petit-Rechain (Lui.13) : het wapenschild (foto : A.C.L.).

AFB. 73. — De kaakrest van Verviers (Lui.14) (foto : A.C.L.).

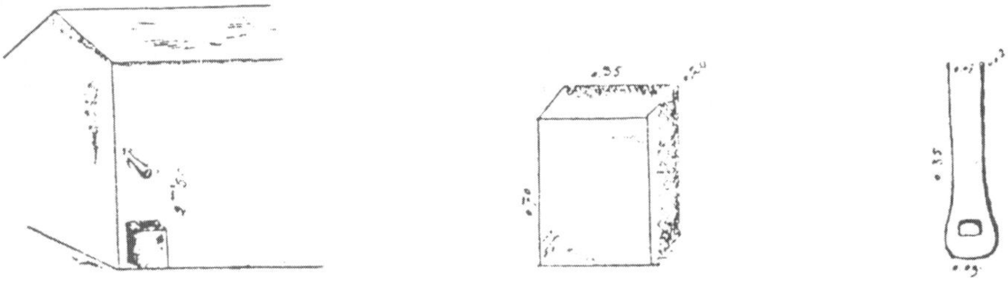

AFB. 74. — De verdwenen kaak van Virton (Lux.8) (tekeningen uit : E. MOUTARDE, *Le pilori de Virton*, in : „AIAL", 47, 1912, p. 451).

Afb. 75. — De schandpaal van Villers-lez-Heest (N.14) (foto : P. De Win, 1982).

Afb. 76. — De schandpaal van Villers-lez-Heest (N.14) : de bekroning (foto : P. De Win, 1982).

Afb. 77. — De schandpaal van Aiseau, bewaard te Villers-lez-Heest (N.15) (foto : P. De Win, 1982).

Afb. 78. — De schandpaalreconstructie te Dave (N.19) (foto : P. De Win, 1982).

AFB. 79. — De schandpaal van Goesnes (N.21) (foto : P. DE WIN, 1983).

AFB. 80. — De schandpaal van Montaigle en Falaën (N.22) (foto : P. DE WIN, 1983).

AFB. 81. — Eén van de twee bewaarde schandpalen te Lustin (N.23) (foto : P. DE WIN, 1982).

AFB. 82. — De schandpaalreconstructie te Thyle-Château (N.27) (foto : F. MOENS, ca. 1950).